工业机器人工学结合项目化系列教材

工业机器人仿真技术

连硕教育教材编写组　编著

電子工業出版社
Publishing House of Electronics Industry
北京·BEIJING

内 容 简 介

本书根据职业教育的特点，实现“做中学”和“学中做”相结合的教学理念，设计了 5 个教学项目，即认识 ABB 工业机器人、RobotStudio 软件介绍、RAPID 编程、RAPID 高级应用和应用实例五大教学项目。每个教学项目包含 2～5 个工作任务，项目内容包括学习目标、任务分配、任务实施、任务评价等多个方面，还包含知识准备和课后习题。各个教学项目的安排由浅入深、循序渐进，通过实际应用案例来加强对仿真软件操作技巧的掌握。工作任务按照典型工作过程进行设计实施，注重学生职业能力、职业素养和团队协作等综合素质的培养。

本书通过 5 个学习项目，将工业机器人仿真技术相关的理论与实践相结合，使学生在实际操作中学会仿真技术的原理以及 RobotStudio 仿真软件的操作技巧。

本书可作为职业院校工业机器人技术专业的基础教材，也可作为企业中从事工业机器人设计、编程、调试与维护等相关工作人员的培训参考用书。

图书在版编目（CIP）数据

工业机器人仿真技术 / 连硕教育教材编写组编著. — 北京：电子工业出版社，2018.6
工业机器人工学结合项目化系列教材
ISBN 978-7-121-33687-4

I. ①工… II. ①连… III. ①工业机器人－计算机仿真－教材 IV. ①TP242.2

中国版本图书馆 CIP 数据核字（2018）第 029466 号

策划编辑：李树林
责任编辑：赵 娜
印　　刷：三河市双峰印刷装订有限公司
装　　订：三河市双峰印刷装订有限公司
出版发行：电子工业出版社
北京市海淀区万寿路 173 信箱　　邮编：100036
开　　本：787×980　1/16　印张：15.75　　字数：343 千字
版　　次：2018 年 6 月第 1 版
印　　次：2019 年 2 月第 2 次印刷
定　　价：55.00 元

凡所购买电子工业出版社图书有缺损问题，请向购买书店调换。若书店售缺，请与本社发行部联系，联系及邮购电话：（010）88254888，88258888。

质量投诉请发邮件至 zlts@phei.com.cn，盗版侵权举报请发邮件至 dbqq@phei.com.cn。

本书咨询和投稿联系方式：(010) 88254463，lisl@phei.com.cn。

连硕教育教材编写组

主　编：唐海峰

编　者：罗毓斌　黄晓旋　余顺平　刘　艳

陆晓锋　易顺斌　林家伊　李　杰

支持单位：深圳市连硕机器人职业培训中心

前　言

离线编程可以在不消耗任何实际生产资源的情况下对实际生产过程进行动态模拟，针对工业产品，利用该技术可优化产品设计。通过虚拟装配可以避免或减少物理模型的制作，缩短开发周期，降低成本；同时通过建设数字工厂，直观地展示工厂、生产线、产品虚拟样品以及整个生产过程，可以为员工培训、实际生产制造和方案评估带来很大的便捷。

本书采用 ABB 公司的 RobotStudio 软件来介绍仿真技术。

全书分为 5 章，各章的主要内容如下：

第 1 章介绍 ABB 工业机器人的基本知识，包括 ABB 工业机器人优势、IRC5 系统结构、伺服控制器系统、示教器及本体；

第 2 章介绍 RobotStudio 软件的获取、安装、激活及软件界面；

第 3 章介绍 RAPID 编程，包括基本 RAPID 编程、手动编程、离线编程、仿真、程序数据及程序指令；

第 4 章介绍 RAPID 高级应用，包括 ScreenMaker、事件管理器、创建事件管理、事件管理器测试、运用 Smart 组件搬运物体；

第 5 章介绍弧焊工作站和下象棋工作站的应用实例。

本书是工业机器人工学结合项目化系列教材之一，既可作为职业院校工业机器人技术专业的基础教材，也可作为企业中从事工业机器人设计、编程、调试与维护等工作人员的培训用书。

由于编者水平有限，书中难免存在疏漏和不足，殷切期望广大读者批评指正，以便进一步提高本书的质量。

编著者

目 录

第1章

认识 ABB 工业机器人

随着科学技术的不断进步和工业机器人技术的飞快发展，工业机器人的应用范围越来越广泛。本章主要介绍 ABB 工业机器人的优点、控制柜 IRC5 系统结构、控制器、示教器及本体。

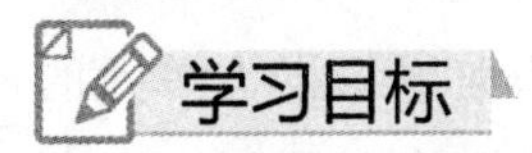

学习目标

知识目标

（1）了解 ABB 工业机器人的优势；

（2）了解 IRC5 系统结构；

（3）熟悉 ABB 工业机器人控制器、示教器和本体。

技能目标

（1）能了解 ABB 工业机器人的优势；

（2）能了解 IRC5 系统结构；

（3）能掌握 ABB 工业机器人控制器类型和硬件结构；

（4）能识别示教器外观、描述示教器的作用；

（5）能识别不同 ABB 工业机器人本体类型。

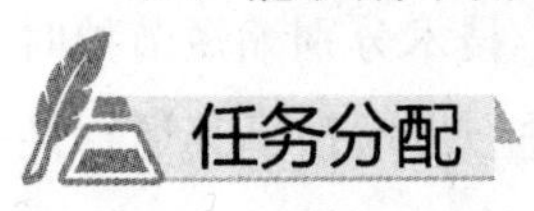

任务分配

认识 ABB 工业机器人

ABB 工业机器人作为四大品牌之一，是全球领先的工业机器人。本节重点介绍 ABB 工业机器人的优势、IRC5 系统结构、控制器、示教器以及本体。

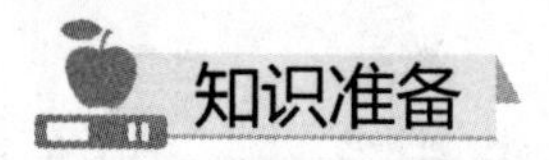

1. ABB 工业机器人的优势

作为机器人控制器领域的行业标杆，ABB 凝聚 40 余年专业经验打造的 IRC5 融合 ABB 独一无二的运动控制技术，拥有卓越的灵活性、安全性及模块化特性，提供各类应用接口和 PC 工具支持，更可实现多机器人控制。

1）保证安全

确保操作员安全是 IRC5 的一项主要优势。该产品满足一应标准规范，已获得全球多家第三方检验机构的认证。

电子限位开关和 SafeMoveTM 均为新一代安全技术的典范，为兼顾机器人单元的安全性与灵活性创造了绝佳条件，在缩小占地面积、增强人机协作等方面都有卓著表现。

2）机器人铸钢结构

机体刚性较高，手臂在恶劣环境下不会变形，精度不会丢失，与其他品牌机器人相比，结构更简单，使用寿命更长。

3）本体免维护

ABB 工业机器人是唯一能够真正做到本体免维护的机器人产品，采用齿轮齿条传动技术。机器人发动机械零位的校正简单快速，不需要特殊的仪器。ABB 工业机器人本体都没有易损件和备件，从这个方面可以看到 ABB 对自身产品的自信。

4）高速精准

IRC5 大幅提升了 ABB 工业机器人执行任务的效率。IRC5 以先进动态建模技术为基础，对机器人性能实施自动优化，如通过 QuickMoveTM 和 TrueMoveTM 技术分别缩短节拍时间、提高路径精度。ABB IRC5 技术使机器人动作具有可预见性，进一步增强了其运行性能，无须程序员参与调整。以 IRB1410 机器人为例，其重复到位精度高达±0.05mm。

5）抗恶劣环境能力强

85%以上型号的机器人都达到了 IP67 防护等级。在比较恶劣的工作环境和高负荷高频率的节拍要求下，ABB 工业机器人的 Active Safety（主动安全）和 Passive Safety（被动安全）功能可以最大化地保证发生事故时人员、机器人和其他财产的安全。

6）适应性强

IRC5 兼容各种规格电源电压，广泛适应各类环境条件。该控制器还能以安全、透明的方式与其他生产设备互联互通，其 I/O 接口支持绝大部分主流工业网络，以传感器接口、远程访问接口及一系列可编程接口等形成强大的联网能力。

7）灵活程控

所有 ABB 工业机器人系统均采用 ABB 可塑性极强的高级语言 RAPID 编程。作为一种真正意义的在线/离线通用编程语言，RAPID 支持结构化程序的编制，并拥有诸多先进特性，其强大的预置功能可轻松应对焊接、装配等常见机器人工艺应用的开发。

8）性能可靠

IRC5 基本实现免维护，无故障运行时间远超同类产品。一旦发生意外停产，其内置的诊断功能有助于及时排除故障、恢复生产。

IRC5 还配备远程监测技术——ABB 远程服务。先进的诊断功能可迅速完成故障检测，并提供机器人状态终生实时监测，显著提高生产效率。

9）触摸屏式示教器

ABB 工业机器人的示教器有彩色触摸屏，其操作界面仿 Windows 系统，可选中、英文语言，结构简单。机器人的程序是文本格式，用普通的文本编辑器就可编写程序，编程方便，且可自定义用户界面。

2. IRC5系统结构

IRC5 系统由主电源、计算机供电单元、计算机控制模块（计算机主体）、输入/输出板、用户连接端口（Customer Connections）、示教器接线端接口（FlexPendant）、轴计算机板、驱动单元（机器人本体、外部轴）等组成，如图 1-1 所示。

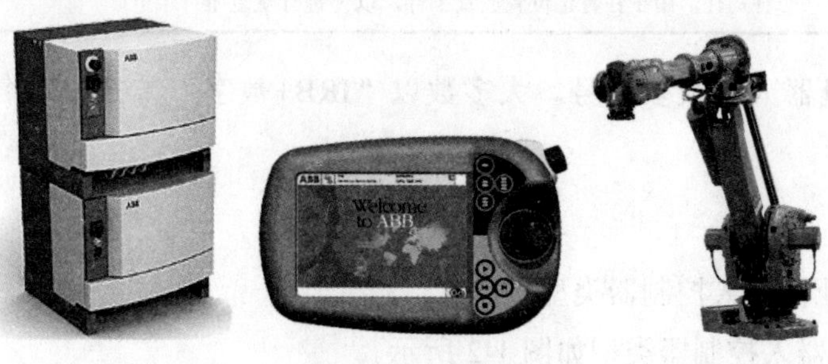

图 1-1 系统结构

一个系统最多包含 36 个驱动单元（最多 4 台机器人），一个驱动模块最多包含 9 个驱动单元，可处理 6 个内轴及 2 个普通轴或附加轴（取决于机器人型号）。

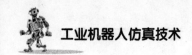

IRC5 机器人单元内的标准硬件见表 1-1，IRC5 机器人单元内的可选硬件见表 1-2。

表 1-1 IRC5 机器人单元内的标准硬件

硬　件	说　明
机器人操纵器	ABB 工业机器人
控制模块	包含控制操纵器动作的主要计算机，包括 RAPID 的执行和信号处理。一个控制模块可以连接至 1～4 个驱动模块
驱动模块	包含电子设备的模块，这些电子设备可为操纵器的电机供电。驱动模块最多可以包含 9 个驱动单元，每个单元控制一个操纵器关节。标准机器人操纵器有 6 个关节，因此，每个机器人操纵器通常使用一个驱动模块
FlexController	IRC5 机器人的控制器机柜，它包含供系统中每个机器人操纵器使用的一个控制模块和一个驱动模块
FlexPendant	与控制模块相连的编程操纵台。在示教器上编程就是在线编程
工具	安装在机器人操纵器上，执行特定任务，如抓取、切削或焊接的设备

表 1-2 IRC5 机器人单元内的可选硬件

硬　件	说　明
跟踪操纵器	用于放置机器人的移动平台，为其提供更大的工作空间。如果控制模块可以控制定位操纵器的动作，该操纵器则被称为外轴
定位操纵器	通常用来放置工件或固定装置的移动平台。如果控制模块可以控制跟踪操纵器的动作，该操纵器则被称为跟踪外轴
FlexPositioner	用作定位操纵器的第二个机器人操纵器。与定位操纵器一样，该操纵器也受控制模块的控制
固定工具	处于固定位置的设备。机器人操纵器选取工件，然后将其放到该设备上执行特定任务，如黏合、研磨或焊接
工件	被加工的产品
固定装置	一种构件，用于在特定位置放置工件，以便进行重复生产

ABB 工业机器人有很多型号，大多数以“IRB+数字”方式来命名，如 IRB1600、IRB2400 等。

3．控制器

1）ABB 工业机器人控制器类型

ABB 工业机器人控制器类型如图 1-2 所示。

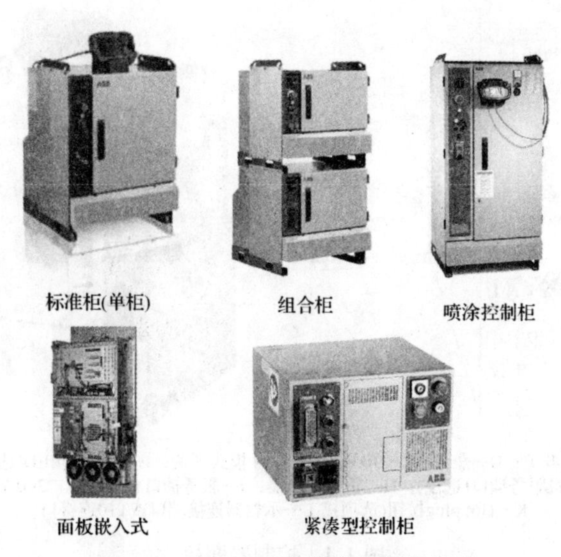

图 1-2　ABB 工业机器人控制器类型

2）控制器硬件结构

下面以标准型控制柜为例进行介绍。

（1）控制器内部结构，如图 1-3 所示。

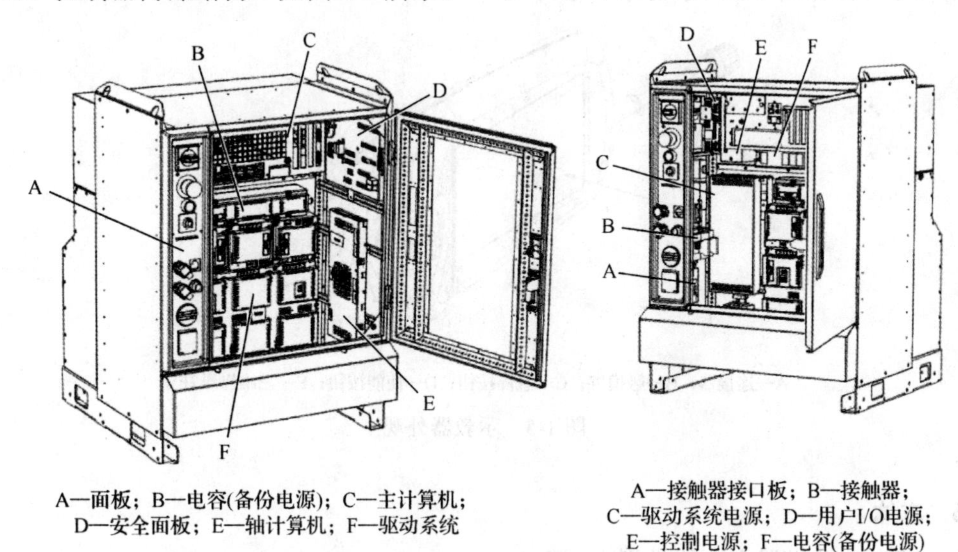

图 1-3　控制器内部结构

（2）控制器面板，如图 1-4 所示。

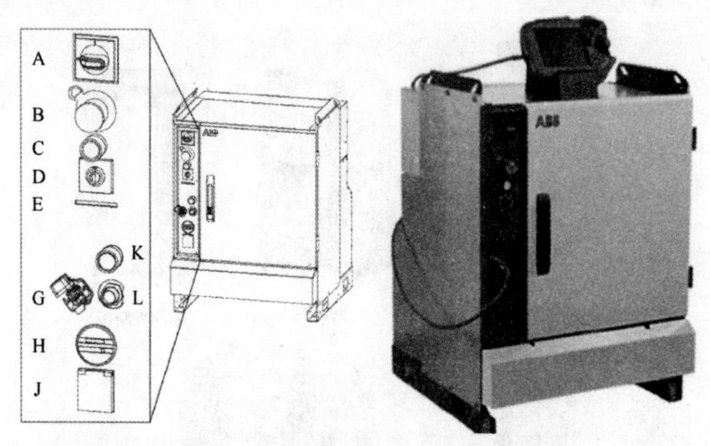

A—总开关；B—急停；C—电机上电；D—模式开关；E—安全链LED(选项)；
G—计算机服务端口(选项)；H—负荷计时器；J—服务插口115/230V，200W(选项)；
K—Hot plug按钮(选项)；L—示教器连接端口或T10连接口

图 1-4　控制器面板

4．示教器

示教器提供了直接操作机器人系统的界面，可运行程序、微动控制机器人、生成和编辑应用程序等，如图 1-5 所示为示教器外观。

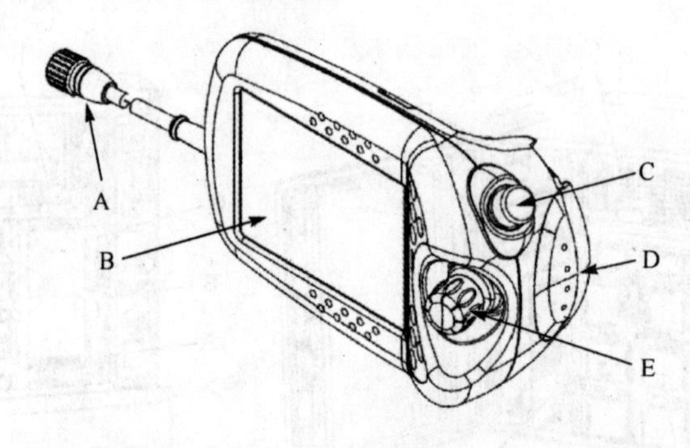

A—连接器；B—触摸屏；C—急停按钮；D—使能按钮；E—三维操纵杆

图 1-5　示教器外观

5．本体

1）ABB 工业机器人本体类型

ABB 工业机器人本体类型如图 1-6 所示。本体是机器人实际用于工作的部分，下文CIRB120 为例，介绍其内部结构。

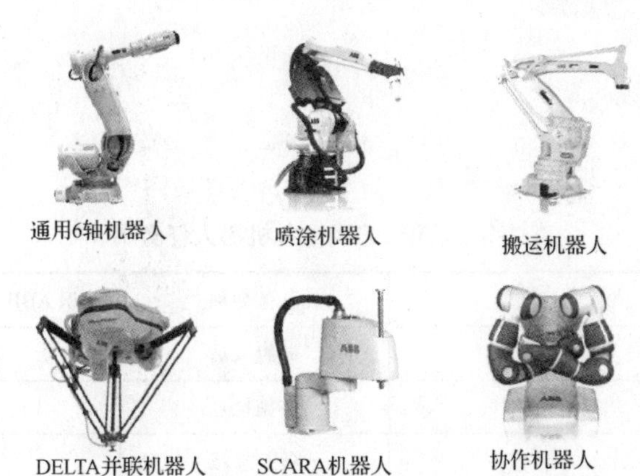

图 1-6　ABB 工业机器人本体类型

机械手是由 6 个转轴组成的空间 6 杆开链机构，理论上可到达运动范围内任何一点。

（1）每个转轴均带有一个齿轮箱，机械手定位精度(综合)达±0.05mm～±0.2mm。

（2）六个转轴均有 AC 伺服电动机驱动，每个电机后均有编码器与刹车。

（3）机械手带有串口测量板（SMB），使用电池保存电动机数据。

（4）机械手带有手动松闸按钮，维修时使用，非正常使用会造成设备或人员被伤害。

（5）机械手带有平衡气缸或弹簧。

2）机器人本体典型结构

机器人本体的典型结构如图 1-7 所示。

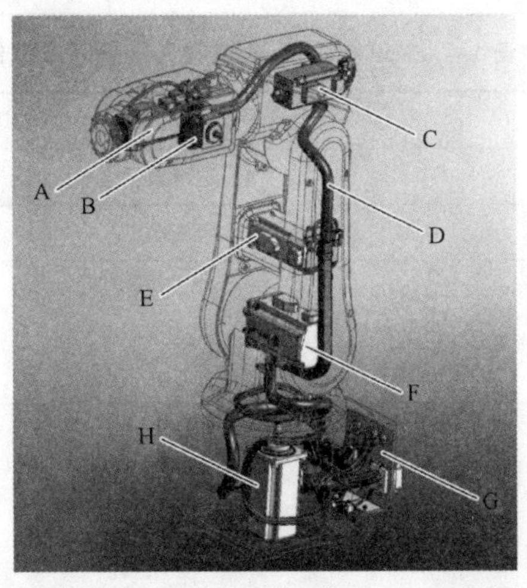

A—第6轴电动机；B—第5轴电动机；C—第4轴电动机；D—电缆线束；E—第3轴电动机；
F—第2轴电动机；G—底座及线缆接口；H—第1轴电动机

图 1-7　机器人本体的典型结构

任务实施

本章任务实施见表 1-3 和表 1-4。

表 1-3　认识 ABB 工业机器人任务书

姓　　名		任务名称	认识 ABB 工业机器人
指导教师		同组人员	
计划用时		实施地点	
时　　间		备　　注	

任务内容	
1. 认识 ABB 工业机器人的优势。 2. 掌握 IRC5 系统结构。 3. 掌握 ABB 工业机器人的控制器、示教器和本体。	
考核项目	描述 ABB 工业机器人的优势
	描述 IRC5 系统结构
	描述 ABB 工业机器人的控制器、示教器和本体

资　　料	工　　具	设　　备
教材		

表 1-4　认识 ABB 工业机器人任务完成报告

姓　　名		任务名称	认识 ABB 工业机器人
班　　级		同组人员	
完成日期		实施地点	

1. 描述 ABB 工业机器人有哪些优势？

2. IRC5 系统由哪几部分组成？

3. ABB 工业机器人控制柜有几种类型？

任务评价

本章任务评价见表 1-5。

表 1-5　任务评价表

任务名称	认识 ABB 工业机器人				
姓　　名		学　　号			
任务时间		实施地点			
组　　号		指导教师			
小组成员					
检查内容					
评价项目		评价内容	配分	评价结果	
				自评	教师
资讯		1．明确任务学习目标	5		
		2．查阅相关学习资料	10		
计划		1．分配工作小组	3		
		2．小组讨论考虑安全、环保、成本等因素，制订学习计划	7		
		3．教师是否已对计划进行指导	5		
实施	准备工作	1．了解 ABB 工业机器人的优势	10		
		2．掌握 IRC5 系统结构	10		
		3．掌握 ABB 工业机器人的控制器、示教器和本体	10		
	技能训练	1．能描述 ABB 工业机器人的优势	10		
		2．能掌握 IRC5 系统结构	10		
		3．能掌握 ABB 工业机器人的控制器、示教器和本体	10		
安全操作与环保		1．工装整洁	2		
		2．遵守劳动纪律，注意培养一丝不苟的敬业精神	3		
		3．严格遵守本专业操作规程，符合安全文明生产要求	5		
总结	你在本次任务中有什么收获：				
	反思本次学习的不足，请说说下次如何改进。				
综合评价（教师填写）					

第2章

RobotStudio 软件介绍

RobotStudio 广泛应用于实际项目与虚拟仿真中，本章主要介绍 ABB、RobotStudio 软件的获取、安装、激活以及软件界面功能，以及创建机器人工作站和系统的方法。

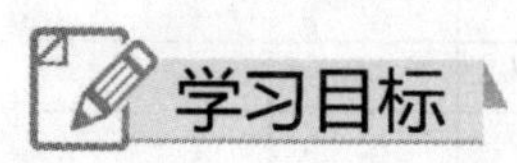

知识目标

（1）了解 RobotStudio 软件；

（2）熟悉 RobotStudio 软件的获取方法；

（3）熟悉 RobotStudio 软件的安装方法；

（4）了解 RobotStudio 软件的激活方法；

（5）熟悉 RobotStudio 软件界面。

技能目标

（1）能掌握 RobotStudio 软件的获取和安装；

（2）能完成 RobotStudio 软件的激活；

（3）能掌握 RobotStudio 软件界面。

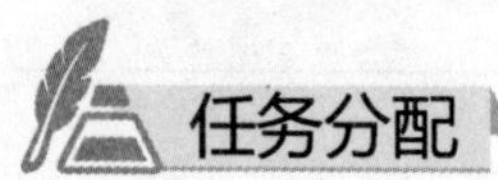

2.1　RobotStudio 软件安装

2.2　RobotStudio 软件界面

2.1　RobotStudio 软件安装

本节介绍 ABB RobotStudio 软件的简介、获取、安装以及激活。

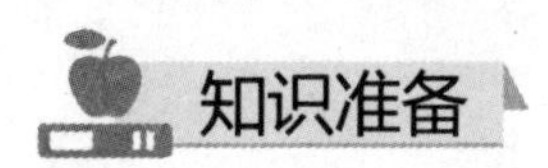

2.1.1　RobotStudio 简介

RobotStudio 软件是 ABB 公司推出的一款机器人离线编程与仿真的计算机应用程序，其独特之处在于它下载到实际机器人控制器的过程中没有翻译阶段。该软件第 1 版发布于 1988 年，它使用图形化编程、编辑、调试机器人系统来操作机器人，并模拟优化现有的机器人程序。它不仅可提供学习机器人性能和应用的相关知识，还可用于远程维护和故障排除。

RobotStudio 离线编程关键是虚拟机器人技术，同样的代码运行在 PC 和机器人控制器上。因此当代码完全离线开发时，它可以直接下载到控制器，缩短了将产品推向市场的时间。RobotStudio 第 5 版具有使用多个虚拟机器人同时运行的功能，且支持在 IRC5 控制下的多机器人控制。

ABB 的 RobotStudio 是唯一支持微软 Visual Studio 应用的机器人仿真软件，这使得高级用户可以改变或提升 RobotStudio 的性能，还可利用 ABB 公司发布的 PC SK、ABB RobotStudio SDK 工具开发任何第三方应用来满足特殊要求。

RobotStudio 特征功能见表 2-1。

表 2-1　RobotStudio 特征功能

在线监视器	仿　真
示教器查看器	I/O 仿真器
仿真录像	工作站查看窗口的仿真节拍
碰撞监控仿真	管理设备列表
从布局创建系统	RAPID 分析工具（日志文件）
创建外轴向导	配置编辑器
仿真机器人手动关节运动/线性运动	查看机器人目标
机器人可达性分析	标记
MultiMove 向导（设置、创建路径、测试等）	TCP 跟踪
支持 3D 鼠标	创建输送链
集成视觉	显示机器人工作区域
几何体的链接	……

2.1.2 获取 RobotStudio 软件

RobotStudio 软件版本有 6.05 SP1，6.05，6.04.01，6.04，6.03.02，6.03，6.02.01，6.02，6.01.01，6.00.01，5.61.02，5.15.02，等等。

可通过两种途径获得 ABB RobotStudio 软件：

（1）若购买 ABB 工业机器人，会有随机光盘；

（2）登录 ABB 网站下载。

ABB 网站 RobotStudio 软件下载网址：

http://www.abb.com.cn/product/zh/9AAC111580.aspx?country=CN，可在该网站中获得 ABB RobotStudio 应用软件资源。

还可以在最新网址 http://new.abb.com/products/robotics/robotstudio/downloads 中下载对应版本的 RobotStudio 软件。

2.1.3 安装 RobotStudio 软件

RobotStudio 用于机器人单元的建模和离线仿真。允许使用离线控制器，即在 PC 上本地运行的虚拟 IRC5 控制器，这种离线控制器也被称为虚拟控制器 (VC)。RobotStudio 还允许使用真实的 IRC5 控制器（简称“真实控制器”）。当 RobotStudio 随真实控制器一起使用时，称它处于在线模式。当在未连接到真实控制器或在连接到虚拟控制器的情况下使用时，RobotStudio 处于离线模式。

RobotStudio 6.03 必须安装在 Windows7 及以上的 Windows 版本中，安装方法与其他 Windows 应用软件安装方法类似，提供以下安装选项：

（1）完整安装；

（2）自定义安装，允许用户自定义安装路径并选择安装内容；

（3）最小化安装，仅允许以在线模式运行 RobotStudio；

（4）ABB RobotStudio 应用软件的安装方法与其他 Windows 应用软件安装方法类似，具体操作步骤参考《工业机器人仿真技术入门与实训》相应章节。

2.1.4 激活 RobotStudio 软件

首次运行时，要求激活 ABB RobotStudio。未购买许可时，单击“取消”，用户仍享有 30 天的全功能试用期。

注意：如果没有激活 RobotStudio，当试用期限结束时，软件只具有基本版功能，部分功能被禁用。

基本版：配置、编程、运行虚拟控制器，通过网络对真实机器人控制器进行编程、配置、监控等。

学校版：针对学校，适用于教学用的 RobotStudio。

高级版：包括基本版中所有功能，并提供 RobotStudio 所有的离线编程功能和多机器人仿真功能。

注意：每个激活密钥只能激活一台计算机一次，系统重装后，激活密钥将失效。

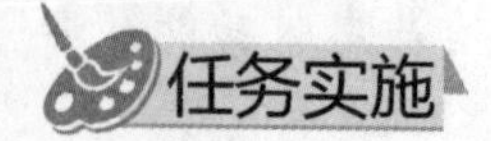

任务实施

本节任务实施见表 2-2 和表 2-3。

表 2-2 RobotStudio 软件介绍任务书

<table>
<tr><td>姓　名</td><td colspan="2"></td><td colspan="2">任务名称</td><td>RobotStudio 软件介绍</td></tr>
<tr><td>指导教师</td><td colspan="2"></td><td colspan="2">同组人员</td><td></td></tr>
<tr><td>计划用时</td><td colspan="2"></td><td colspan="2">实施地点</td><td></td></tr>
<tr><td>时　间</td><td colspan="2"></td><td colspan="2">备　注</td><td></td></tr>
<tr><td colspan="6">任务内容</td></tr>
<tr><td colspan="6">1. 了解 RobotStudio 简介。
2. 学会如何获取 RobotStudio 软件。
3. 学会如何安装 RobotStudio 软件。
4. 学会如何激活 RobotStudio 软件。
5. 认识 RobotStudio 软件的操作界面。</td></tr>
<tr><td rowspan="5">考核项目</td><td colspan="5">描述 RobotStudio</td></tr>
<tr><td colspan="5">操作获取 RobotStudio 软件的步骤</td></tr>
<tr><td colspan="5">操作安装 RobotStudio 软件的步骤</td></tr>
<tr><td colspan="5">操作激活 RobotStudio 软件的步骤</td></tr>
<tr><td colspan="5">描述 RobotStudio 软件的操作界面</td></tr>
<tr><td colspan="2">资　料</td><td colspan="2">工　具</td><td colspan="2">设　备</td></tr>
<tr><td colspan="2">教材</td><td colspan="2"></td><td colspan="2">计算机</td></tr>
<tr><td colspan="2"></td><td colspan="2"></td><td colspan="2"></td></tr>
<tr><td colspan="2"></td><td colspan="2"></td><td colspan="2"></td></tr>
<tr><td colspan="2"></td><td colspan="2"></td><td colspan="2"></td></tr>
</table>

表 2-3　RobotStudio 软件安装任务完成报告

姓　　名		任务名称	RobotStudio 软件安装
班　　级		同组人员	
完成日期		实施地点	

1. 简答题

简述查找 ABB 官方网址并下载最新版本的 RobotStudio 软件的方法。

2. 单选题

（1）最新版 RobotStudio 的下载网址是？（　　）

A. www.robotstudio.com

B. www.abbrobot.com

C. www.abbrobotstudio.com

（2）RobotStudio6 对计算机操作系统的要求是？（　　）

A. Windows XP 及以上

B. Windows 7 及以上

C. Windows 2008 及以上

（3）RobotStudio6 首次安装可获得多久全功能免费试用期？（　　）

A. 7 天

B. 15 天

C. 30 天

2.2 RobotStudio 软件界面

本节介绍 RobotStudio 软件界面，包括图形化用户界面常用快捷键和功能区、选项卡和组。

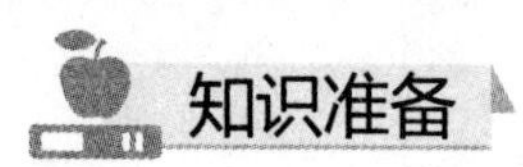

1. 图形化用户界面常用快捷键

工作站视图组合键见表 2-4，RobotStudio 部分快捷键见表 2-5。

表 2-4 工作站视图组合键

用 途	组 合 键
选择	
旋转工作站	CTRL+SHIFT+
平移工作站	CTRL +
缩放工作站	CTRL +
窗口选择	SHIFT+
窗口缩放	SHIFT+

表 2-5 RobotStudio 部分快捷键

快 捷 键	功 能
F1	打开帮助文件
CTRL + F5	打开虚拟示教器
F10	激活菜单栏
CTRL + O	打开工作站
CTRL + B	屏幕截图
CTRL + SHIFT + R	示教运动指令
CTRL + R	示教指令
F4	添加工作站系统
CTRL +S	保存工作站

续表

快 捷 键	功　能
CTRL +N	新建工作站
CTRL + J	导入模型库
CTRL + G	导入几何体

2. 功能区、选项卡和组

RobotStudio 软件有文件、基本、建模、仿真、控制器、RAPID、Add-Ins（加载项）7 种选项卡，如图 2-1 所示，选项卡描述见表 2-6。

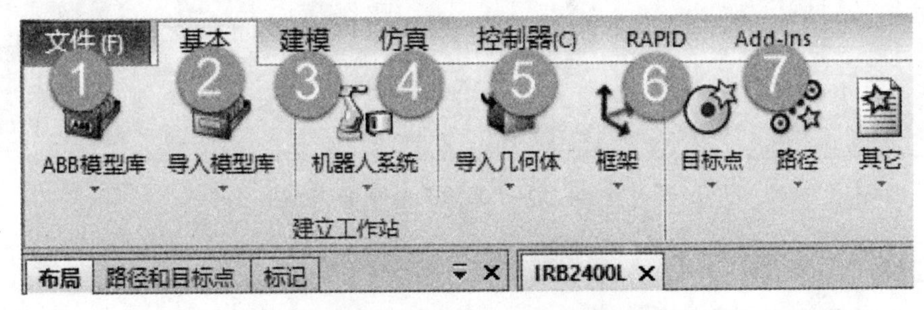

图 2-1　功能区、选项卡和组

表 2-6　选项卡描述

选 项 卡	描　述
文件	创建新工作站，创造新机器人系统，连接到控制器，将工作站另存为查看器的选项和 RobotStudio 选项
基本	搭建工作站，创建系统，编程路径和摆放物体所需的控件
建模	创建和分组工作站组件，创建实体，测量以及其他 CAD 操作所需的控件
仿真	创建、控制、监控和记录仿真所需的控件
控制器	用于虚拟控制器（VC）的同步、配置和分配给它的任务的控制措施。还包含用于管理真实控制器的控制措施
RAPID	集成的 RAPID 编辑器，后者用于编辑除机器人运动之外的其他所有机器人任务
加载项	包含 PowerPacs 控件

1）文件

文件选项卡会打开 RobotStudio 后台视图，显示当前活动的工作站的信息和元数据列出最近打开的工作站并提供一系列用户选项（创建新工作站，连接到控制器，将工作站保存为查看器等）。

2）基本

“基本”功能选项卡包含构建工作站、创建系统、编辑路径以及摆放物体所需的控件，如图 2-2 所示。

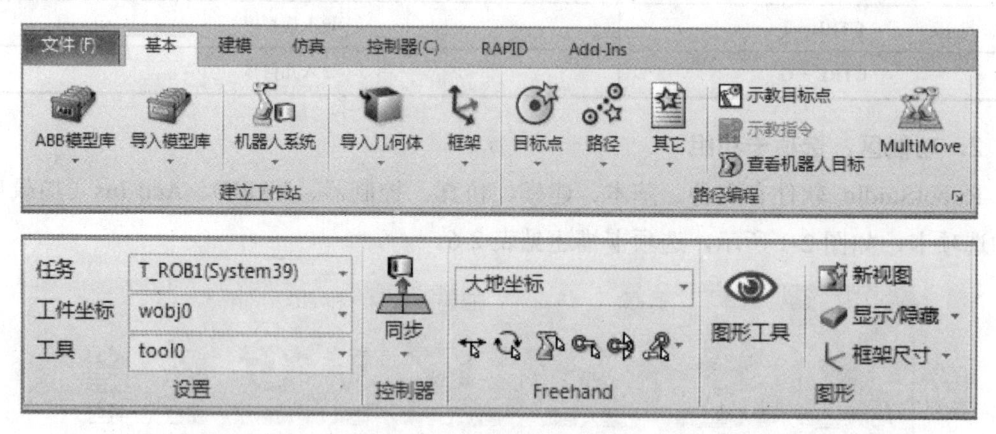

图 2-2 “基本”选项卡

3）建模

“建模”功能选项卡包含创建和分组工作站组件、创建实体、测量以及其他 CAD 操作所需的控件，如图 2-3 所示。

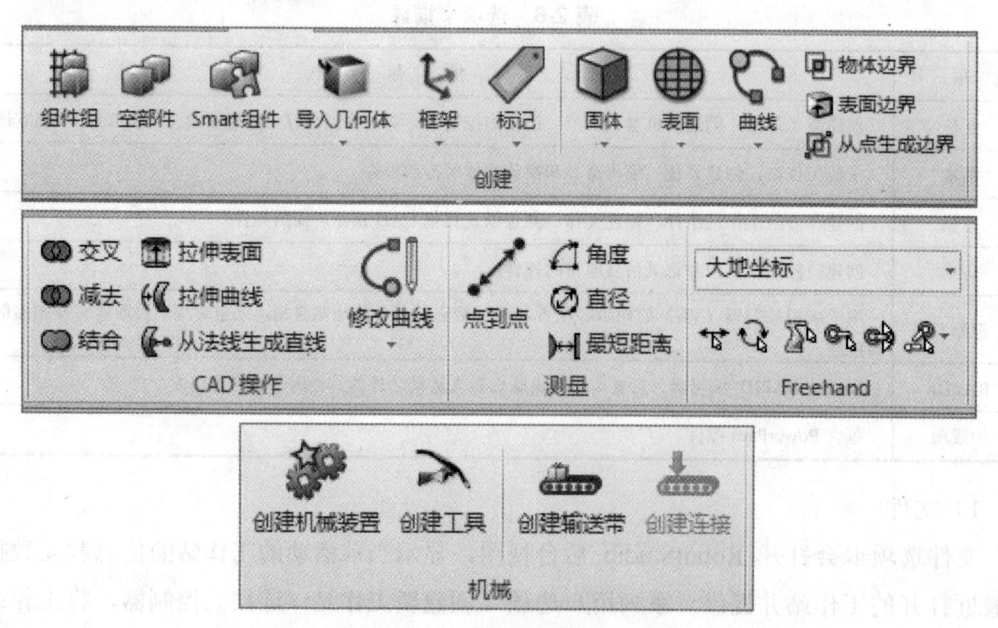

图 2-3 “建模”选项卡

4）仿真

“仿真”选项卡上有创建、配置、控制、监视和记录仿真的相关控件，如图 2-4 所示。

图 2-4 “仿真”选项卡

5）控制器

“控制器”功能选项卡包含用于虚拟控制器（VC）的同步、配置和分配给它的任务措施，如图 2-5 所示。

RobotStudio 软件具有让用户在 PC 上运行虚拟的 IRC5 控制器的功能，这种离线控制器称为虚拟控制器（VC），可以仿真 IRC5 的大部分功能，还可以在线控制机器人控制器。RobotStudio 还允许使用真实的 IRC5 控制器（简称“真实控制器”）。

“控制器”选项卡上的功能可分为以下类别：

（1）用于虚拟和真实控制器的功能；

（2）用于真实控制器的功能；

（3）用于虚拟控制器的功能。

6）RAPID

RAPID 选项卡提供了用于创建、编辑和管理 RAPID 程序的工具和功能，如图 2-6 所示。用户可以管理真实控制器上的在线 RAPID 程序、虚拟控制器上的离线 RAPID 程序或不隶属于某个系统的单机程序。

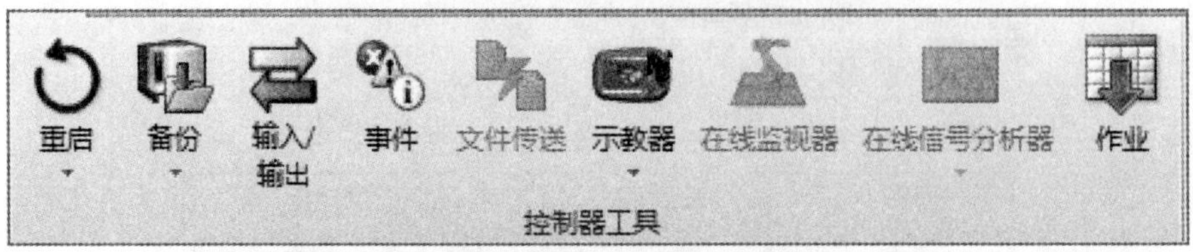

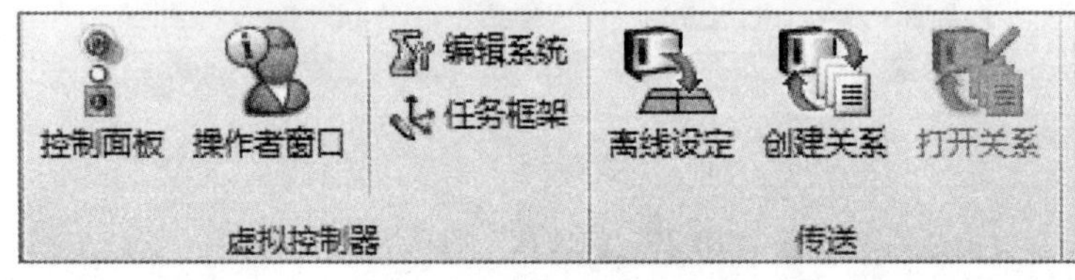

图 2-5 “控制器”选项卡

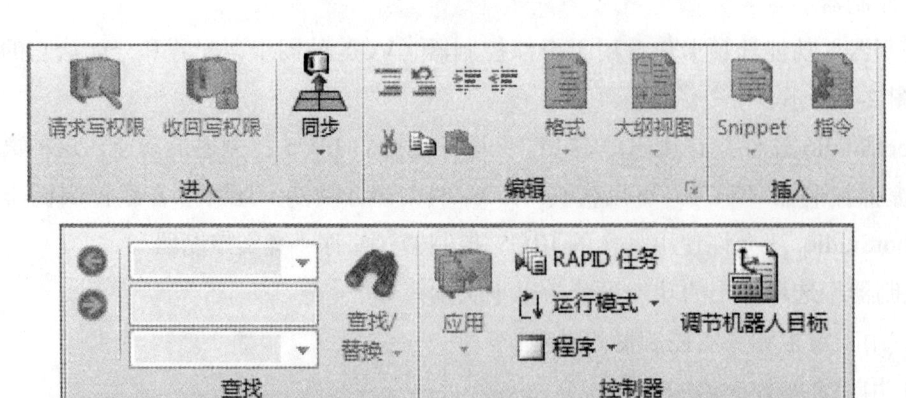

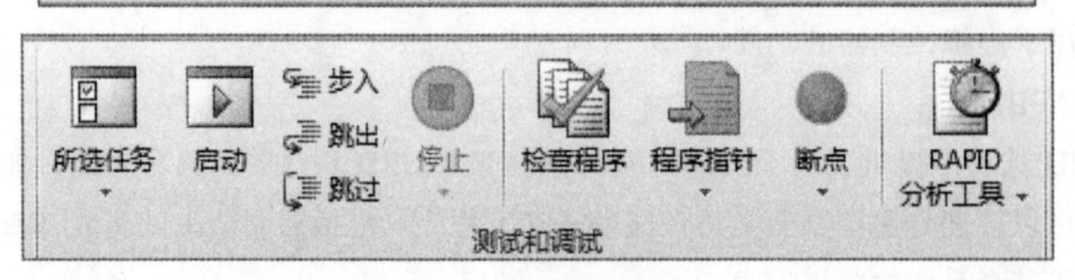

图 2-6 RAPID 选项卡

7）Add-Ins

Add-Ins 选项卡中有社区、RobotWare 和齿轮箱热量预测的相关控件，如图 2-7 所示。

图 2-7　Add-In 选项卡

任务实施

本节任务实施见表 2-7 和表 2-8。

表 2-7　RobotStudio 软件界面任务书

<table>
<tr><td>姓　　名</td><td colspan="2"></td><td>任务名称</td><td colspan="2">RobotStudio 软件界面</td></tr>
<tr><td>指导教师</td><td colspan="2"></td><td>同组人员</td><td colspan="2"></td></tr>
<tr><td>计划用时</td><td colspan="2"></td><td>实施地点</td><td colspan="2"></td></tr>
<tr><td>时　　间</td><td colspan="2"></td><td>备　　注</td><td colspan="2"></td></tr>
<tr><td colspan="6">任务内容</td></tr>
<tr><td colspan="6">1. 掌握图形导航图形窗口。
2. 掌握功能区、选项卡和组。</td></tr>
<tr><td rowspan="3">考核项目</td><td colspan="5">描述工作站视图组合键</td></tr>
<tr><td colspan="5">描述 RobotStudio 常用的快捷键</td></tr>
<tr><td colspan="5">描述 RobotStudio 软件中的功能区、选项卡和组有哪些</td></tr>
<tr><td colspan="2">资　　料</td><td colspan="2">工　　具</td><td colspan="2">设　　备</td></tr>
<tr><td colspan="2">教材</td><td colspan="2"></td><td colspan="2"></td></tr>
<tr><td colspan="2"></td><td colspan="2"></td><td colspan="2"></td></tr>
<tr><td colspan="2"></td><td colspan="2"></td><td colspan="2"></td></tr>
<tr><td colspan="2"></td><td colspan="2"></td><td colspan="2"></td></tr>
</table>

表 2-8　RobotStudio 软件界面任务完成报告

姓　　名		任务名称	RobotStudio 软件界面
班　　级		同组人员	
完成日期		实施地点	

简单题

（1）ABB RobotStudio 软件界面的选项卡有哪些？

（2）工作站视图组合键有哪些？各有什么作用？

（3）RobotStudio 常用的快捷键有哪些？各有什么作用？

任务评价

本章任务评价表见表 2-9。

表 2-9　任务评价表

<table>
<tr><td>任务名称</td><td colspan="6">RobotStudio 软件介绍</td></tr>
<tr><td>姓　　名</td><td colspan="2"></td><td>学　　号</td><td colspan="3"></td></tr>
<tr><td>任务时间</td><td colspan="2"></td><td>实施地点</td><td colspan="3"></td></tr>
<tr><td>组　　号</td><td colspan="2"></td><td>指导教师</td><td colspan="3"></td></tr>
<tr><td>小组成员</td><td colspan="6"></td></tr>
<tr><td colspan="7">检查内容</td></tr>
<tr><td rowspan="2">评价项目</td><td colspan="3" rowspan="2">评价内容</td><td rowspan="2">配分</td><td colspan="2">评价结果</td></tr>
<tr><td>自评</td><td>教师</td></tr>
<tr><td rowspan="2">资讯</td><td colspan="3">1．明确任务学习目标</td><td>5</td><td></td><td></td></tr>
<tr><td colspan="3">2．查阅相关学习资料</td><td>10</td><td></td><td></td></tr>
<tr><td rowspan="3">计划</td><td colspan="3">1．分配工作小组</td><td>3</td><td></td><td></td></tr>
<tr><td colspan="3">2．小组讨论考虑安全、环保、成本等因素，制订学习计划</td><td>7</td><td></td><td></td></tr>
<tr><td colspan="3">3．教师是否已对计划进行指导</td><td>5</td><td></td><td></td></tr>
<tr><td rowspan="9">实施</td><td rowspan="5">准备工作</td><td colspan="2">1．了解 RobotStudio 软件</td><td>6</td><td></td><td></td></tr>
<tr><td colspan="2">2．掌握 RobotStudio 软件获取方法</td><td>6</td><td></td><td></td></tr>
<tr><td colspan="2">3．掌握 RobotStudio 软件安装方法</td><td>6</td><td></td><td></td></tr>
<tr><td colspan="2">4．掌握 RobotStudio 软件激活方法</td><td>6</td><td></td><td></td></tr>
<tr><td colspan="2">5．熟悉 RobotStudio 软件操作界面</td><td>6</td><td></td><td></td></tr>
<tr><td rowspan="4">技能训练</td><td colspan="2">1．能熟练获取 RobotStudio 软件</td><td>7</td><td></td><td></td></tr>
<tr><td colspan="2">2．能熟练安装 RobotStudio 软件</td><td>7</td><td></td><td></td></tr>
<tr><td colspan="2">3．能简单描述 RobotStudio 软件激活方法</td><td>8</td><td></td><td></td></tr>
<tr><td colspan="2">4．能够简单描述 RobotStudio 软件操作界面</td><td>8</td><td></td><td></td></tr>
<tr><td rowspan="3">安全操作与环保</td><td colspan="3">1．工装整洁</td><td>2</td><td></td><td></td></tr>
<tr><td colspan="3">2．遵守劳动纪律，注意培养一丝不苟的敬业精神</td><td>3</td><td></td><td></td></tr>
<tr><td colspan="3">3．严格遵守本专业操作规程，符合安全文明生产要求</td><td>5</td><td></td><td></td></tr>
<tr><td rowspan="2">总结</td><td colspan="6">你在本次任务中有什么收获：</td></tr>
<tr><td colspan="6">反思本次学习的不足，请说说下次如何改进。</td></tr>
<tr><td>综合评价
（教师填写）</td><td colspan="6"></td></tr>
</table>

第3章

RAPID 编程

RAPID 是 ABB 工业机器人的程序语言，也是一种高级语言，它可以在 RobotStudio 软件和示教器中编写。本章主要介绍基本 RAPID 编程、手动编程、离线编程、仿真、RAPID 的程序数据及指令。

学习目标

知识目标

（1）掌握基本 RAPID 编程的方法；

（2）掌握手动编程、离线编程、仿真的运用；

（3）掌握程序数据、程序指令的运用。

技能目标

（1）能运用程序结构、程序数据、表达式、流程指令、输入输出信号等完成基本 RAPID 编程。

（2）能运用 RobotStudio 软件中的移动指令模板完成手动编程；能在 RobotStudio 软件中创建工件、工件坐标系、自动路径规划、工具姿态调整，完成路径调试的离线编程功能。

（3）能熟练操作仿真的基本功能，包括仿真运行、碰撞检测、碰撞分组以及碰撞设定。

（4）能掌握程序数据的存储类型、数据范围、常用的程序数据类型、运算符以及如何创建程序数据和运用程序指令。

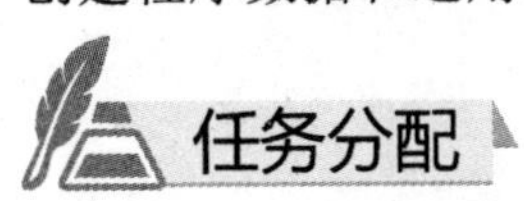

任务分配

3.1 基本 RAPID 编程

3.2 手动编程和离线编程

3.3 仿真

3.4 程序数据

3.5 程序指令

3.1 基本 RAPID 编程

RAPID 程序由程序模块与系统模块组成，而程序模块又可由多个例行程序组成，在一个例行程序中可以包含许多控制机器人的指令，而这些特定的指令可以移动机器人、读取输入信号、设定输出信号等。

RAPID 程序根据用途的不同可自定义为不同的模块，每个模块都可以包括程序数据、例行程序、中断、功能等，模块间的数据、程序、中断及功能都可相互调用。

本节介绍 RAPID 程序结构、程序数据、表达式、流程指令、控制程序流程、运动以及输入输出信号。

知识准备

3.1.1 程序结构

1．简介

1）指令

程序是由对机械臂工作加以说明的指令构成的。不同操作对应不同的指令，如移动机械臂对应一个指令，设置信号输出对应一个指令。

指令通常包含多个相关参数，例如重置数字输出信号指令 Reset do01。确定这些参数的方式如下：

（1）数值，如 5 或 4.6；

（2）数据索引，如 reg1；

（3）表达式，如 5+reg1*2；

（4）函数调用，如 Abs(reg1)；

（5）串值，如"Producing part A"。

2）程序

程序分为三类——无返回值程序、有返回值程序和软中断程序。

（1）无返回值程序用作子程序。

（2）有返回值程序会返回一个特定类型的数值。此程序用作指令的参数。

（3）软中断程序提供了一种中断应对方式。一个软中断程序对应一次特定中断，如设置一个输入信号，若发生对应中断，则自动执行该输入信号。

3）数据

可按数据形式保存信息。如工具数据，包含对应工具的所有相关信息（工具的工具中心接触点及其质量等）。数据分为多种类型，不同类型数据所包含的信息也不同，如工具、位置和负载等。

数据分为三类：常量、变量和永久数据对象。

（1）常量表示的是静态值，只能通过人为方式赋予新值。

（2）在程序执行期间，也可赋予变量一个新值。

（3）永久数据对象也可被视作“永久”变量。保存程序时，初始化值呈现的就是永久数据对象的当前值。

4）其他特征

语言中还有如下其他特征：

（1）程序参数；

（2）算术表达式和逻辑表达式；

（3）自动错误处理器；

（4）模块化程序；

（5）多任务处理。

2. 基本元素

1）标识符

用标识符对模块、程序、数据和标签命名，示例如下：

（1）MODULE module_name

（2）PROC routine_name()

（3）VAR pos data_name;

（4）label_name:

标识符中的首个字符必须为字母，其余部分可采用字母、数字或下画线（_）组成。任一标识符最长不超过 32 个字符。字符相同的标识符相同。

2）保留字

表 3-1 为保留字。它们在 RAPID 语言中都有特殊意义，因此不能用作标识符。此外，还有许多预定义数据类型名称、系统数据、指令和有返回值程序也不能用作标识符。

表 3-1 保留字

ALIAS	AND	BACKWARD	CASE
CONNECT	CONST	DEFAULT	DIV
DO	ELSE	ELSEIF	ENDFOR
ENDFUNC	ENDIF	ENDMODULE	ENDPROC
ENDRECORD	ENDTEST	ENDTRAP	ENDWHILE
ERROR	EXIT	FALSE	FOR
FROM	FUNC	GOTO	IF
INOUT	LOCAL	MOD	MODULE
NOSTEPIN	NOT	NOVIEW	OR
PERS	PROC	RAISE	READONLY
RECORD	RETRY	RETURN	STEP
SYSMODULE	TEST	THEN	TO
TRAP	TRUE	TRYNEXT	UNDO
VAR	VIEWONLY	WHILE	WITH
XOR			

3）空格和换行符

RAPID 编程语言是一种相对自由格式的语言，它除在以下几种情况以外的任何位置都可用空格。

（1）标识符中；

（2）保留字中；

（3）数值中；

（4）占位符中。

除注释外，只要在可用空格的地方就可用换行符、制表符和换页符。标识符、保留字和数值之间必须用空格、换行符或换页符隔开。

4）数值

数值有如下两种表示方式：

（1）整数，如 3、−100 或 3E2 等；

（2）小数，如 3.5、−0.345 或−245E−2 等。

数值必须在《浮点数算术标准》（ANSI IEEE 754）规定的范围内。

5）逻辑值

逻辑值可表示为 TRUE 或 FALSE。

6）串值

串值为一个由字符（ISO 8859-1（Latin-1））和控制字符（用 0～255 这一数字代码范围表示非 ISO 8859-1（Latin-1）字符）组成的序列。其中可含字符代码，使其能包含字符串中的不可见字符（二进制数据）。字符串最长长度为 80 个字符。

示例如下：

```
"This is a string"
"This string ends with the BEL control character \07"
```

若其中包含一个反斜线（表示字符代码）或双引号字符，则该字符必须写两次。

示例如下：

```
"This string contains a "" character"
"This string contains a \\ character"
```

7）注释

注释可帮助理解程序。

注释以感叹号（!）开始，以换行符结束，占一整行，不会出现在模块声明之外的地方。

```
! comment（这里也不要出现中文字符）
IF reg1 > 5 THEN
! comment（这里也不要出现中文字符）
reg2 := 0;
ENDIF
```

8）占位符

表 3-2 为占位符。可用占位符暂时代表程序中尚未定义的部分。从句法方面来看，含占位符的程序没错，可载入程序内存。

表 3-2 占位符

占位符	描述
<TDN>	数据类型定义
<DDN>	数据声明
<RDN>	程序声明
<PAR>	可选替换形参

续表

占 位 符	描 述
<ALT>	可选形参
<DIM>	形式（一致）数组阶数
<SMT>	指令
<VAR>	数据对象（变量、永久数据对象或参数）索引
<EIT>	if 指令的 else if 子句
<CSE>	测试指令情况子句
<EXP>	表达式
<ARG>	过程调用参数
<ID>	标识符

9）文件标题

一份程序文件的开头就是文件标题（非强制性要求），示例如下：

```
%%%
    VERSION:1
    LANGUAGE:ENGLISH
%%%
```

10）语法

（1）标识符

```
<identifier> ::= <ident> | <ID>
<ident> ::= <letter> {<letter> | <digit> | '_'}
```

（2）数值

```
<integer> ::= <digit> {<digit>}
<digit> ::= 0 | 1 | 2 | 3 | 4 | 5 | 6 | 7 | 8 | 9
…
```

（3）逻辑值

```
<bool literal> ::= TRUE | FALSE
```

（4）字符

```
<character> ::= -- ISO 8859-1 (Latin-1)-
<letter> ::= <upper case letter> | <lower case letter>
```

（5）字符串

```
<string literal> ::= '"' {<character> | <character code> } '"'
```

（6）备注

```
<comment> ::= '!' {<character> | <tab>} <newline>
```

3．模块

程序分为程序模块和系统模块。

1）程序模块

程序模块由各种数据和程序构成。每个模块或整个程序都可复制到磁盘和内存盘等设备中，反过来，也可从这些设备中复制模块或程序。

一个模块中含有入口过程，它就被称为 Main 的全局过程。执行程序实际上就是在执行 Main 过程。程序可包括多个模块，但其中一个必须要有一个主过程。如一个模块要么可定义与外部设备的接口，要么就包含 CAD 系统生成的或经数字化（示教编程）在线上创建的几何学数据。

因而，一个模块中通常会包含多个小型计算站，而多个偏大的计算站可能共用一个主模块，主模块可引用某一或其他多个模块中包含的程序和数据。

2）系统模块

用系统模块定义常见的系统专用数据和程序，如工具等。系统模块不会随程序一同保存，即对系统模块的任何更新都会影响程序内存中当前所有的或随后会载入其中的所有程序。

3）模块声明

模块声明介绍了相应模块的名称和属性。这些属性只能通过离线添加，不能用 FlexPendant 示教器添加。表 3-3 为某模块的属性示例。

表 3-3 模块属性

属　性	描　述
SYSMODULE	就模块而言，不是系统模块就是编程模块
NOSTEPIN	在逐步执行期间不能进入模块
VIEWONLY	模块无法修改
READONLY	模块无法修改，但可以删除其属性
NOVIEW	模块不可读，只可执行。可通过其他模块接近全局程序，此程序通常以 NOSTEPIN 方式运行。目前全局数据数值可从其他模块或 FlexPendant 示教器上的数据窗口接近。NOVIEW 只能通过 PC 在线下定义

示例如下：

```
MODULE module_name (SYSMODULE,  VIEWONLY)
    !data type definition
    !data declarations
    !routine declarations
ENDMODULE
```

某模块可能与另一模块的名称不同，或可能没有全局程序或数据。

4）程序文件结构

如上所述，名称已定的程序中包含所有程序模块。将程序保存到闪存盘或大容量内存上时，会生成一个新的以该程序名称命名的文件夹。所有程序模块都保存在该文件夹中，对应文件扩展名为.mod。随之一起存入该文件夹的还有同样以程序名称命名的相关使用说明文件，扩展名为.pgf。该使用说明文件包括程序中所含的所有模块的一份列表。

4. 系统模块 USER

为简化编程过程，提供机械臂的同时要提供预定义数据。由于未明确要求必须创建此类数据，因此，此类数据不能直接使用。

若用该数据，则初始编程更简单。但通常重新为所用数据命名，以便更轻松地查阅程序。

USER 包含五个数值数据（寄存器）、一个对象数据、一个计时函数和两个数字信号符号值。USER 模块的部分数据见表 3-4。

表 3-4　USER 模块的部分数据

名　称	数据类型	声　明
Reg1	Num	VAR num reg1:=0
Reg2	Num	VAR num reg2:=0
Reg3	Num	VAR num reg3:=0
Reg4	Num	VAR num reg4:=0
Reg5	Num	VAR num reg5:=0
Clock1	clock	VAR clock clock1

USER 是一个系统模块，无论是否加载程序，它都会出现在机械臂内存中。

5. 程序

程序（子程序）分为无返回值程序、有返回值程序和软中断程序三类。

（1）无返回值程序不会返回数值。该程序用于指令中。

（2）有返回值程序会返回一个特定类型的数值。该程序用于表达式中。

（3）软中断程序提供了一种中断应对方式。一个软中断程序只对应一次特定中断。一旦发生中断，则将自动执行对应软中断程序。但不能从程序中直接调用软中断程序。

1）程序的范围

程序的范围是指可获得程序的区域。除非程序声明的可选局部命令将程序归为局部程序（在模块内），不然则为全局程序。

示例如下：

```
LOCAL PROC local_routine (…)
PROC global_routine (…)
```

程序适用的范围规则如下：

（1）全局程序的范围可能包括任务中的任意模块；

（2）局部程序的范围由其所处模块构成；

（3）在范围内，局部程序会隐藏名称相同的所有全局程序或数据；

（4）在范围内，程序会隐藏名称相同的所有指令、预定义程序和预定义数据。

同一模块中，某一程序的名称与另一程序、数据或数据类型的名称不一定相同。全局程序的名称与对应模块或另一模块中的全局程序、全局数据或全局数据类型的名称不一定相同。

2）参数

程序声明中的参数列表明确规定了调用程序时必须或能提供的参数（实参）。

参数包括如下四种（按访问模式区分）。

（1）正常情况下，参数仅用作输入，同时被视作程序变量。改变此变量，不会改变对应参数。

（2）INOUT 参数规定，对应参数必须为变量（整体、元素或部分）或对应参数必须为可为程序所改变的、完整的永久数据对象。

（3）VAR 参数规定对应参数必须为可为程序所改变的变量（整体、元素或部分）。

（4）PERS 参数规定对应参数必须为可为程序所改变的、完整的永久数据对象。

更新 INOUT、VAR 或 PERS 参数事实上就等同于更新了参数本身，借此可用参数将多个数值返回到调用程序。

示例如下：

```
PROC routine1 (num in_par,  INOUT num inout_par,
VAR num var_par,  PERS num pers_par)
```

此类参数是可选的，在程序调用的参数列表中可忽略。可选参数用反斜线（\）+参数表示。

示例如下：

```
PROC routine2 (num required_par \num optional_par)
```

不可引用程序调用时会忽略可选参数值，即在使用可选参数前，必须检查程序调用的可选参数。

两个或多个可选参数之间可能会互相排斥（声明互相排斥），即同一程序调用中只可能出现其中一个。这一情况通过在存疑参数之间加竖线（|）表明。

示例如下：

```
PROC routine3 (\num exclude1 | num exclude2)
```

特殊类型 switch 可能（只能）属于可选参数，提供了一种运用转换参数（只能通过名称而非数值确定）的方式。数值不能转为 switch 参数。要运用 switch 参数的唯一方式就是运用预定义函数 Present 检查其存在。

示例如下：

```
PROC routine4 (\switch on | switch off)
...
IF Present (off) THEN
...
ENDPROC
```

数组可能会以参数的形式在程序中。数组参数的范围必须与相应形参的范围相符。数组参数的阶数一致（带*标记）。因此实际阶数取决于程序调用中相应参数的阶数。程序借用预定义函数 Dim 可确定参数的实际阶数。

示例如下：

```
PROC routine5 (VAR num pallet{*, *})
```

3）程序终止

通过 RETURN 指令明确无返回值程序执行终止，或在到达无返回值程序末端

（ENDPROC、BACKWARD、ERROR 或 UNDO）时，即暗示执行终止。

有返回值程序求值必须通过 RETURN 指令终止。

运用 RETURN 指令明确软中断程序执行终止，或在到达软中断程序末端（ENDTRAP、ERROR 或 UNDO）时，即暗示执行终止。下次会从中断点处开始继续执行。

4）程序声明

程序包含程序声明（包括参数）、数据、正文主体、反向处理器（仅限无返回值程序）、错误处理器和撤销处理器。不能套入程序声明，即不能在程序中声明程序。

（1）无返回值程序声明。如用数值数组中的各元素乘以程序声明：

```
PROC arrmul( VAR num array{*}, num factor)
    FOR index FROM 1 TO dim( array, 1 ) DO
        array{index} := array{index} * factor;
    ENDFOR
ENDPROC
```

（2）有返回值程序声明。有返回值程序可返回任意数据类型的数值，但不能返回数组数值。

如可返回矢量长度，示例如下：

```
FUNC num veclen (pos vector)
    RETURN Sqrt(Pow(vector.x, 2)+Pow(vector.y, 2)+Pow(vector.z, 2));
ENDFUNC
```

（3）软中断声明。如对“给料机空载”所致中断的反应，示例如下：

```
TRAP feeder_empty
    wait_feeder;
    RETURN;
ENDTRAP
```

5）过程调用

调用一个过程时，应使用与该过程的参数对应的参数：

（1）必须明确强制性参数，同时还需要按正确顺序列出；

（2）可选参数可忽略；

（3）可用条件式参数，将参数从一个程序调用转到另一程序调用。

可用标识符（前期绑定）以静态方式指定过程名称或在串类型表达式运行时间内（后期绑定）求得程序名称的值。前期绑定应被视作正常的过程调用形式，但有时后期绑定却能提供极有效的紧凑编码。通过在代表过程名称的字符串前后添加百分比符号定义后期绑定。

注意：后期绑定仅适用于过程调用，不适合函数调用。若要用后期绑定引用一个未知过程，则将系统变量 ERRNO 设为 ERR_REFUNKPRC；若要引用过程调用错误（语法，而非过程），则将系统变量 ERRNO 设为 ERR_CALLPROC。

3.1.2 程序数据

1．数据类型

1）三种数据类型

（1）基本类型：不是基于其他任意类型定义且不能再分为多个部分的基本数据，如 num。

（2）记录数据类型：含多个有名称的有序部分的复合类型，如 pos。其中任意部分可能由基本类型构成，也可能由记录类型构成。

可用聚合表示法表示记录数值，如[300， 500， depth] pos 记录聚合值。

通过某部分的名称可访问数据类型的对应部分，如 pos1.x:=300；pos1 的 x 部分赋值。

（3）alias 数据类型等同于其他类型，alias 类型可对数据对象进行分类。

2）非值数据类型

一个有效数据类型要么是数值数据类型，要么是非值数据类型。简而言之，数值数据类型仅代表部分数值形式。在数值导向操作中不能用非值数据：

（1）初始化；

（2）赋值（:=）；

（3）等于（=）和不等于（<>）检查；

（4）TEST 指令；

（5）程序调用中的 IN（访问模式）参数；

（6）有返回值程序（返回）数据类型。

输入数据类型（signalai、signaldi 和 signalgi）都由数据类型半值构成。在数值导向操作（除初始化和赋值外）中，可用这些数据。

在数据类型说明中，仅对何时是半值数据类型及何时是非值数据类型进行规定。

3）同等（alias）数据类型

alias 根据定义，数据类型等同于另一类型。数据可用另一含相同数据类型的数据替代。

示例如下：

```
VAR num level;
VAR dionum high:=1;
level:= high;
```

由于 dionum 是 num 的一种 alias 数据类型，因此这样可行。

2. 数据声明

1）数据包括三种

（1）程序执行期间，可赋予一个变量新值。

（2）一个数据可被称为永久变量。这点通过如下方式实现，即更新永久数据对象数值自发导致待更新的永久声明数值初始化。（保存程序的同时，任意永久声明的初始化值反映的都是对应永久数据对象的当前值。）

（3）各常量代表各个静态值，不能赋予其新值。

数据声明通过将名称（标识符）与数据类型联系在一起，引入数据。除预定义数据和循环变量外，必须声明所用的其他所有数据。

2）数据的范围

数据的范围是指可获得数据的区域。除非数据声明的可选局部命令将数据归为局部数据（在模块内），不然则为全局数据。注意局部命令仅限用于模块级，不能用在程序内。

示例如下：

```
LOCAL VAR num local_variable;
VAR num global_variable;
```

程序数据，程序外声明的数据被称为程序数据。程序数据适用的范围规则如下：

（1）预定义程序数据或全局程序数据的范围可能包括任何模块；

（2）局部程序数据的范围由其所处模块构成；

（3）在范围内，局部程序数据会隐藏名称相同的所有全局数据或程序（包括指令、预定义程序和预定义数据）。

同一模块中，程序数据的名称与其他数据或程序的名称不一定相同。全局程序数据的名称与另一模块中的全局数据或程序的名称不一定相同。

程序内声明的数据被称作程序数据。程序参数也同样按程序数据处理。程序数据适用的范围规则如下：

（1）程序数据的范围由其所处程序构成；

（2）在范围内，程序数据会隐藏名称相同的其他所有程序或数据。

程序数据的名称与同一程序中其他数据或标号的名称不一定相同。

3）变量声明

可通过变量声明引入变量。同时也可作系统全局、任务全局或局部变量声明。

示例如下：

```
VAR num globalvar := 123;
TASK VAR num taskvar := 456;
LOCAL VAR num localvar := 789;
```

通过在声明中添加阶数信息，可赋予任一类变量一种数组（1 阶、2 阶和 3 阶）形式。阶数是大于 0 的整数值。

示例如下：

```
VAR pos pallet{14,18};
```

可初始化含各类数值的变量（赋予一个初始值）。程序变量初始化所用的表达式必须为常量表达式。

注意：也可用未初始化变量的数值，只是该值不明确，即将其设为零。

示例如下：

```
VAR string author_name := "John Smith";
VAR pos start := [100,100,50];
VAR num maxno{10} := [1,2,3, 9,8,7,6,5,4,3];
```

出现如下状况时，即设置初始化值：

（1）开启程序；

（2）从程序开始处执行程序。

4）永久数据对象声明

只能在模块级进行永久数据对象声明，在程序内不能。可作系统全局、任务全局或局部永久数据对象声明。

示例如下：

```
PERS num globalpers := 123;
TASK PERS num taskpers := 456;
LOCAL PERS num localpers := 789;
```

名称相同的所有系统全局永久数据对象共享当前值。任务全局和局部永久数据对象不会与其他永久数据对象共享当前值。

必须赋予局部和任务全局永久数据对象一个初始化值。而对于系统全局永久数据对象，可忽略初始值。初始化值必须为单一值（不含数据引用对象或数据运算对象）或由多个单一值或单一聚合体构成的单一聚合体。

示例如下：

```
PERS pos refpnt := [100.23,778.55, 1183.98];
```

通过在声明中添加阶数信息，可赋予任一类永久数据对象一种数组（1 阶、2 阶和 3 阶）形式。阶数是大于 0 的整数值。

示例如下：

```
PERS pos pallet{14,18} := […];
```

注意：永久数据对象的当前值变更时，永久数据对象声明的初始化值（若未忽略）也会随之更新。但在程序执行期间，因执行问题不会更新。保存模块［备份（Backup）、保存模块（Save Module）和保存程序（Save Program）］的同时会更新初始值。另外，在编辑程序时，也会更新。FlexPendant 上的程序数据窗口会一直显示永久数据对象的当前值。

示例如下：

```
PERS num reg1 := 0;
...
reg1 := 5;
After module save,  the saved module looks like this:
PERS num reg1 := 5;
...
reg1 := 5;
```

5）常量声明

通过常量声明引入常量，常量值不可更改。

示例如下：

```
CONST num pi := 3.141592654;
```

通过在声明中添加阶数信息，可赋予任一类常量一种数组（1 阶、2 阶和 3 阶）形式。阶数是大于 0 的整数值。

```
CONST pos seq{3} := [[614, 778, 1020], [914, 998, 1021], [814,
    998, 1022]];
```

6）启动数据

常量或变量的初始化值可为常量表达式。永久数据对象的初始化值只能是文字表达式。

示例如下：

```
CONST num a := 2;
CONST num b := 3;
!Correct syntax
CONST num ab := a + b;
VAR num a_b := a + b;
PERS num a__b := 5; !
!Faulty syntax
PERS num a__b := a + b;
```

7）存储类

数据对象的存储类决定了系统为数据对象分配内存和解除内存分配的时间。而其本身取决于数据对象的种类及其声明的上下文，既可为静态存储，也可为易失存储。常量、永久数据对象和模块变量都是静态，也就意味着在任务期间它们具备相同的存储类，赋予永久数据对象或模块变量的任意值始终保持不变，除非重新赋值。

程序变量属易失存储类。在首次调用含变量声明的程序时，即分配存储易失变量值所需的内存。随后，在返回程序调用程序时解除内存分配。即在程序调用前，程序变量的值一直都不明确，且在程序执行结束时，常常会遗失该值（即该值不明确）。

在递归程序调用（程序直接或间接调用自身）链中，针对同一程序变量，各个程序实例均收到了自己的内存位置，即生成了含相同变量的若干实例。

3.1.3 表达式

1. 表达式类型

1）描述

表达式指定数值的评估，例如，它可以用作：

（1）在赋值指令中，例如，a:=3*b/c;

（2）作为 IF 指令中的一个条件，例如，IF a>=3 THEN ...

（3）指令中的变元，例如，WaitTime time;

（4）功能调用中的变元，例如，a:=Abs(3*b)。

2）算术表达式

算术表达式用于求解数值，见表 3-5。

示例如下：

```
2*pi*radius
```

表 3-5 算术表达式

运 算 符	操 作	运算元类型	结果类型
+	加法	num + num	num i
+	加法	dnum + num	dnum i
+	一目减；保留符号	+num 或+dnu m 或+pos	同左 ii，i
+	矢量加法	pos+pos	pos
-	减法	num - num	num i
-	减法	dnum - dnum	dnum i
-	一目减；更改符号	-num 或-pos	同左 ii，i
-	一目减；更改符号	num 或-dnum 或-pos	同左 ii，i
-	矢量减法	pos-pos	pos
*	乘法	num * num	num l
*	乘法	dnum * dnum	dnum i
*	矢量数乘	num * pos 或 pos * num	pos
*	矢积	pos * pos	pos
*	旋转连接	orient * orient	dnum
/	除法	num/ num	num
/	除法	dnum/ dnum	dnum
DIV iii	整数除法	num DIV num	num
DIV iii	整数除法	dnum DIV dnum	dnum
MOD iii	整数模运算：余数	num MOD num	num
MOD iii	整数模运算：余数	dnum MOD dnum	dnum

（1）只要运算元和结果仍在数值类型的整数子域内，就可保留整数（精确）表示法。

（2）收到的结果类型与运算元类型相同。若运算元有一个 alias 数据类型，则可收到 alias“基准”类型（num、dnum 或 pos）的结果。

（3）整数运算，如 14 DIV 4=3，14 MOD 4=2。（非整数运算元无效。）

3）逻辑表达式

逻辑表达式用于求逻辑值（TRUE/FALSE），见表 3-6 和图 3-1。

示例如下：a>5 AND b=3

表 3-6　逻辑运算符

运　算　符	操　　作	运算元类型	结果类型
<	小于	num<num	bool
<	小于	dnum<dnum	bool
<=	小于等于	num<=num	bool
<=	小于等于	dnum<=dnum	bool
=	等于	任意类型 i=任意类型	bool
>=	大于等于	num>=num	bool
>=	大于等于	dnum>=dnum	bool
>	大于	num>num	bool
>=	大于等于	dnum>dnum	bool
<>	不等于	任意类型<>，任意类型	bool
AND	和	bool AND bool	bool
XOR	异或	bool XOR bool	bool
OR	或	bool OR bool	bool
NOT	否；非	NOT bool	bool

a AND *b*

b \ *a*	True	False
True	True	False
False	False	False

a XOR *b*

b \ *a*	True	False
True	False	True
False	True	False

a OR *b*

b \ *a*	True	False
True	True	True
False	True	False

a NOT *b*

b	
True	False
False	True

图 3-1　逻辑运算符

4）串表达式

串表达式用于执行字符串相关运算，见表 3-7。

如，“IN” + “PUT” 给出结果“INPUT”。

表 3-7　串表达式运算

运　算　符	操　　作	运算元类型	结果类型
+	串连接	String + string	string

2．运用表达式中的数据

变量、永久数据对象或常量整体可作为表达式的组成部分。

示例如下：

```
2*pi*radius
```

（1）数组。整个数组或单一元素中可引用声明为数组的变量、永久数据对象或常量。运用元素的索引号引用数组元素。索引号为大于 0 的整数值，不会违背所声明的阶数。索引值 1 对应的是第一个元素。索引表中的元素量必须与声明的数组阶数（1 阶、2 阶或 3 阶）相配。

示例如下：

```
VAR num row{3};
VAR num column{3};
VAR num value;
! get one element from the array
value := column{3};
! get all elements in the array
row := column;
```

（2）记录。整个记录或单一部分中可引用声明为记录的变量、永久数据对象或常量。运用部分名称引用记录部分。

示例如下：

```
VAR pos home;
VAR pos pos1;
VAR num yvalue;
..
! get the Y component only
yvalue := home.y;
! get the whole position
pos1 := home;
```

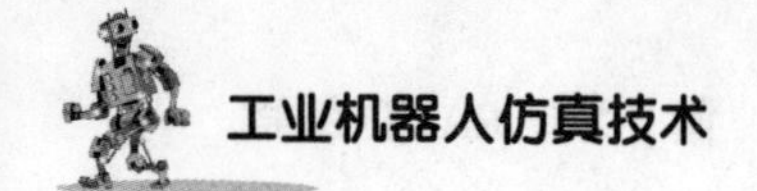

3. 运用表达式中的聚合体

聚合体可用于记录或数组数值中。

示例如下：

```
! pos record aggregate
pos := [x,  y,  2*x];
! pos array aggregate
posarr := [[0,  0,  100],  [0, 0, z]];
```

操作前提：必须根据上下文确定范围内聚合项的数据类型。各聚合项的数据类型必须等于类型确定的相应项的类型。

示例（通过 p1 确定的聚合类型 pos - ）：

```
VAR pos pl;
pl :=[1,  -100,  12];
```

不允许存在（由于任意聚合体的数据类型都不能通过范围决定，因此不允许存在）的示例：

```
VAR pos pl;
IF [1,  -100,  12] = [a, b, b, ] THEN
```

4. 运用表达式中的函数调用

通过函数调用，求特定函数的值，同时接收函数返回的值。

示例如下：

```
Sin(angle)
```

1）变元

运用函数调用的参数将数据传递至所调用的函数（也可从调用的函数中调动数据）。参数的数据类型必须与相应函数参数的类型相同。可选参数可忽略，但（当前）参数的顺序必须与形参的顺序相同。此外，声明两个及两个以上可选参数相互排斥，在此情况下，同一参数列表中只能存在一个可选参数。

用逗号“,”将必要（强制性）参数与前一参数隔开。形参名称既可列入其中，也可忽略。

可选参数前必须加一反斜线“\”和形参名称。开关型参数具有一定的特殊性，可能不含任何参数表达式。而且此类参数就只有“存在”或“不存在”两种情况。

运用条件式参数，支持可选参数沿程序调用链平稳延伸。若存在指定的（调用函数的）可选参数，则可认为条件式参数“存在”，反之则可认为已忽略。注意指定参数必须为可选参数。

示例如下：

```
PROC Read_from_file (iodev File \num Maxtime)
..
character:=ReadBin (File \Time?Maxtime);
! Max. time is only used if specified when calling the routine
! Read_from_file
..
ENDPROC
```

2）参数

函数参数列表为各个参数指定了一种访问模式。访问模式包括 IN、INOUT、VAR 或 PERS。

（1）一个 IN 参数（默认）允许参数成为任意表达式。所调用的函数将该参数视作常量。

（2）一个 INOUT 参数要求相应参数为变量（整体、数组元素或记录部分）或一个永久数据对象整体。所调用的函数可全面（读/写）接入参数。

（3）一个 VAR 参数要求相应参数为变量（整体、数组元素或记录部分）。所调用的函数可全面（读/写）接入参数。

（4）一个 PERS 参数要求相应参数为永久数据对象整体。所调用的函数可全面（读/更新）接入参数。

5. 运算符之间的优先级

相关运算符的相对优先级决定了求值的顺序。圆括号能够覆写运算符的优先级。

先求解优先级较高的运算符的值，然后再求解优先级较低的运算符的值。优先级相同的运算符则按从左到右的顺序挨个求值。

3.1.4 流程指令

连续执行指令，除非程序流程指令或中断或错误导致执行中途中断，否则继续执行。多数指令都通过分号“;”终止。标号通过冒号“:”终止。有些指令可能含有其他指令，要通过具体关键词才能终止。

例如：

```
if … endif
for … endfor
while … endwhile
test … endtest
```

示例如下：

```
WHILE index < 100 DO
.
index := index + 1;
ENDWHILE
```

3.1.5 控制程序流程

一般而言，程序都是按序（即按指令）执行的。但有时需要指令以中断循序执行过程和调用另一指令，以处理执行期间可能出现的各种情况。

1. 编程原理

可基于如下五种原理控制程序流程：

（1）调用另一程序（无返回值程序）并执行该程序后，按指令继续执行；

（2）基于是否满足给定条件，执行不同指令；

（3）重复某一指令序列多次，直到满足给定条件；

（4）移至同一程序中的某一标签；

（5）终止程序执行过程。

2. 调用其他程序

表 3-8 为程序调用指令，表 3-9 为程序范围内的程序控制，表 3-10 为终止程序执行过程。

表 3-8 程序调用指令

指　　令	用　　途
ProcCall	调用（跳转至）其他程序
CallByVar	调用有特定名称的无返回值程序
RETURN	返回原来的程序

表 3-9 程序范围内的程序控制

指　　令	用　　途
Compact IF	当一个条件满足后，就执行一句指令
IF	根据不同条件执行不同的指令
FOR	重复一段程序多次
WHILE	重复指令序列，直到满足给定条件
TEST	基于表达式的数值执行不同指令
GOTO	跳转至标签
label	指定标签（线程名称）

表 3-10 终止程序执行过程

指　　令	用　　途
Stop	停止程序执行
EXIT	不允许程序重启时，终止程序执行过程
Break	为排除故障，临时终止程序执行过程
SystemStopAction	终止程序执行过程和机械臂移动
ExitCycle	终止当前循环，将程序指针移至主程序中第一个指令处。选中执行模式 CONT 后，在下一程序循环中，继续执行

3.1.6 运动

1. 机械臂运动原理

将机械臂移动设为姿态到姿态移动，即从当前位置移到下一位置。随后机械臂可自动计算出两个位置之间的路径。

2. 编程原理

通过选择合适的定位指令，可确定基本运动特征，如路径类型等。而其他运动特征可通过确定属于指令参数的数据明确。

（1）位置数据（机械臂和附加轴的终点位置）；

（2）速度数据（理想速度）；

（3）区域数据（位置精度）；

（4）工具数据（如工具中心接触点的位置）；

（5）对象数据（如当前坐标系）；

（6）运用适用于所有运动的逻辑指令确定机械臂的部分运动特征；

（7）最高速率和速率覆盖；

（8）加速度；

（9）不同机械臂配置的管理；

（10）有效载荷；

（11）接近奇点时的行为；

（12）程序位移；

（13）软伺服；

（14）调整值；

（15）事件缓冲区的启用和停用。

可用相同指令对机械臂和附加轴进行定位。按恒定速度移动附加轴，使其与机械臂同时到达终点位置。

3．定位指令

表 3-11 为定位指令。

表 3-11　定位指令

指　　令	移 动 类 型
MoveC	工具中心接触点（TCP）沿圆周路径移动
MoveJ	关节运动
MoveL	工具中心接触点（TCP）沿直线路径移动
MoveAbsJ	绝对关节移动
MoveExtJ	在无工具中心接触点的情况下，沿直线或圆周移动附加轴
MoveCAO	沿圆周移动机械臂，设置转角处的模拟信号输出
MoveCDO	沿圆周移动机械臂，设置转角路径中间的数字信号输出
MoveCGO	沿圆周移动机械臂，设置转角处的组输出信号
MoveJAO	通过关节运动移动机械臂，设置转角处的模拟信号输出
MoveJDO	通过关节运动移动机械臂，设置转角路径中间的数字信号输出
MoveJGO	通过关节运动移动机械臂，设置转角处的组输出信号
MoveLAO	沿直线移动机械臂，设置转角处的模拟信号输出

续表

指　令	移动类型
MoveLDO	沿直线移动机械臂，设置转角路径中间的数字信号输出
MoveLGO	沿直线移动机械臂，设置转角处的组输出信号
MoveCSync	沿圆周移动机械臂，执行 RAPID 无返回值程序
MoveJSync	通过关节运动移动机械臂，执行 RAPID 无返回值程序
MoveLSync	沿直线移动机械臂，执行 RAPID 无返回值程序

4．搜索

移动期间，机械臂可搜索对象的位置等信息。并储存搜索的位置（通过传感器信号显示），可供随后用于确定机械臂的位置或计算程序位移。表 3-12 为搜索指令。

表 3-12　搜索指令

指　令	移动类型
SearchC	沿圆周路径的工具中心接触点
SearchL	沿直线路径的工具中心接触点
Break	为排除故障，临时终止程序执行过程
SearchExtJ	当仅移动线性或旋转外轴时，用于搜索外轴位置

3.1.7　输入/输出信号

1．Signals

机械臂配有多个数字和模拟用户信号，这些信号可读，也可在程序内对其进行更改。

2．编程原理

通过系统参数定义信号名称。这些名称通常用于 I/O 操作读取或设置程序中。规定模拟信号或一组数字信号的值为数值。

3．变更信号值

表 3-13 为变更信号值。

4．读取输入信号值

通过程序可直接读取输入信号值，如：

```
! Digital input
IF di1 = 1 THEN ...
! Digital group input
IF gi1 = 5 THEN ...
! Analog input
IF ai1 > 5.2 THEN ...
```

表 3-13　变更信号值

指　　令	用 于 定 义
InvertDO	转化数字信号输出信号值
PulseDO	产生关于数字信号输出信号的脉冲
Reset	重置数字信号输出信号（为 0）
Set	设置数字信号输出信号（为 1）
SetAO	变更模拟信号输出信号的值
SetDO	变更数字信号输出信号的值（符号值，如高/低）
SetGO	变更一组数字信号输出信号的值

可能会产生下列可恢复错误。可用错误处理器处理这些错误。系统变量 ERRNO 将设置为：

ERR_NORUNUNIT 与 I/O 单元无联系

5．读取输出信号值

表 3-14 为读取输出信号。

表 3-14　读取输出信号

指　　令	用 于 定 义
AOutput	读取当前模拟信号输出信号的值
DOutput	读取当前数字信号输出信号的值
GOutput	读取当前一组数字信号输出信号的值
GOutputDnum	读取当前一组数字信号输出信号的值。可用多达 32 位处理数字组信号。返回读取到的 dnum 数据类型的值
GInputDnum	读取当前一组数字信号输入信号的值。可用多达 32 位处理数字组信号。返回读取到的 dnum 数据类型的值

6．测试输入信号或输出信号

表 3-15 为等待输入或输出信号，表 3-16 测试信号，表 3-17 为信号来源。

表 3-15 等待输入或输出信号

指令	用于定义
WaitDI	等到设置或重设数字信号输入时
WaitDO	等到设置或重设数字信号输出时
WaitGI	等到将一组数字信号输入信号设为一个值时
WaitGO	等到将一组数字信号输出信号设为一个值时
WaitAI	等到模拟信号输入小于或大于某个值时
WaitAO	等到模拟信号输出小于或大于某个值时

表 3-16 测试信号

指令	用于定义
TestDI	测试有没有设置数字信号输入
ValidIO	获得有效 I/O 信号
GetSignalOrigin	获得有关 I/O 信号来源的信息

表 3-17 信号来源

数据类型	用于定义
signalorigin	介绍 I/O 信号来源

7. 定义输入输出信号

表 3-18 为带别名信号，表 3-19 为定义输入输出信号。

表 3-18 带别名信号

指令	用于定义
AliasIO	定义带别名的信号

表 3-19 定义输入输出信号

数据类型	用于定义
dionum	数字信号的符号值
signalai	模拟信号输入信号的名称
signalao	模拟信号输出信号的名称
signaldi	数字信号输入信号的名称
signaldo	数字信号输出信号的名称
signalgi	一组数字信号输入信号的名称
signalgo	一组数字信号输出信号的名称
signalorigin	介绍 I/O 信号来源

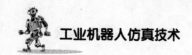

8．禁用和启用 I/O 模块

启动时，自动启用 I/O 模块，但在程序执行期间会被禁用，过后会再次启用。表 3-20 为禁止和启用 I/O 模块指令。

表 3-20 禁止和启用 I/O 模块

指　令	用 于 定 义
IODisable	禁用 I/O 模块
IOEnable	启用 I/O 模块

9．获取 I/O 总线和单元的状态

表 3-21、表 3-22 与表 3-23 为获取 I/O 总线和单元的状态，及状态的函数和数据类型。

表 3-21　获取 I/O 总线和单元的状态

指　令	用 于 定 义
IOBusState	获取当前 I/O 总线的状态

表 3-22　获取 I/O 总线和单元的状态的函数

功　能	用 于 定 义
IOUnitState	返回 I/O 单元的当前状态

表 3-23　获取 I/O 总线和单元的状态的数据类型

数据类型	用 于 定 义
iounit_state	I/O 单元的状态
Bustate	I/O 总线的状态

10．I/O 总线的起点

表 3-24 为 I/O 总线起点指令。

表 3-24　I/O 总线起点

指　令	用 于 定 义
IOBusStart	启用 I/O 总线

11．I/O 编程

机械臂通常拥有一个或多个 I/O 单板。每个单板有多个数字和/或模拟通道。这些通道只有连接上逻辑信号后才能用。一般用系统参数完成连接，而在机械臂出厂前常用标准

名称已经定义完成。在编程期间必须用到常用逻辑信号。

一条实体通道可连接至多个逻辑信号，但也可以不用逻辑连接。

为能使用 I/O 单板，必须为其通道提供逻辑信号。在上述示例中，实体输出 2 连接至两个不同的逻辑信号。而另一方面，IN16 却没有逻辑信号，因此不能用。

1）信号特征

信号特征取决于所用的实体通道及利用系统参数界定通道的方式。实体通道决定着延时和电压水平（参见产品规格）。要用系统参数确定特征、滤波时间和设定值及实际值之间的比例。

机械臂接通电源，同时把所有信号设为零。而且这些信号不受紧急停止或类似事件影响。

可基于程序范围将输出设为 1 或 0。另外，也可利用延迟或跳动形式完成。下令对输出进行跳动或延迟变更时，仍将继续执行程序。随后在不影响其余部分程序执行的情况下进行变更。另一方面，若下令在给定时间结束前对同一输出重新进行变更，则不执行首次变更。由于在时间结束前给出了新的指令，因此不执行指令 SetDO。

2）与中断相连的信号

RAPID 中断有返回值程序可与逻辑信号变更相连。在信号的上升沿或下降沿中，可调用该有返回值程序。但如果数字信号变更很快，则可能错过此中断。

如若有返回值程序与名为 do1 的信号相连且程序代码如下所示：

```
SetDO do1, 1;
SetDO do1, 0;
```

在几毫秒的时间内，信号将首先上升（1），然后下降（0）。此时，可能失去中断。为确保不会失去中断，必须要先确保在重设前已设置该输出。

例如，

```
SetDO do1, 1;
WaitDO do1 , 1;
SetDO do1, 0;
```

用此方法就不会失去中断。

3）系统信号

利用特殊的系统有返回值程序，可使逻辑信号互相连接到一起。如若输入与系统有返回值程序 Start 相连，则在启用该输入的同时快速自动生成程序起点。这些系统有返回值程序通常都是以自动模式启用的。

4）交叉连接

通过此方式可使数字信号相互连接到一起，以便它们能自动影响彼此。

（1）可将一个输出信号连接至一个或多个输入或输出信号。

（2）可将一个输入信号连接至一个或多个输入或输出信号。

（3）若多个交叉连接共用一个信号，则该信号的值与最近一次启用（变更）的值相同。

（4）交叉连接可互连，即一个交叉连接可影响另一个。但它们不需要按此方式连接，以至于形成一个“恶性循环”，如 di2 交叉连接至 di1 的同时，di1 也交叉连接至 di2。

（5）若输入信号有一个交叉连接，则会自动禁用相应的实体连接。因此探测不到任何实体通道变更情况。

（6）跳动或延迟不会沿交叉连接传输开。

（7）可用 NOT、AND 和 OR（需要选项 Advanced functions）确定逻辑条件。

表 3-25 为交叉信号示例。

表 3-25 交叉信号示例

示例	描述
di2=di1 di3=di2 do4=di2	若 di1 改变，则也会导致 di2、di3 和 do4 变为相应值
do8=do7 do8=di5	若将 do7 设为 1，则也要将 do8 设为 1。若随后将 di5 设为 0，则 do8 也会变化（尽管此时 do7 仍为 1）
do5 = di6 AND do1	将 di6 和 do1 都设为 1 时，也要将 do5 设为 1

注意：一次最多可使 10 个信号跳动，一次最多可使 20 个信号延迟。

任务实施

本节任务实施见表 3-26 和表 3-27。

表 3-26 RAPID 编程任务书

<table>
<tr><td>姓 名</td><td></td><td>任务名称</td><td>基本 RAPID 编程</td></tr>
<tr><td>指导教师</td><td></td><td>同组人员</td><td></td></tr>
<tr><td>计划用时</td><td></td><td>实施地点</td><td></td></tr>
<tr><td>时 间</td><td></td><td>备 注</td><td></td></tr>
<tr><td colspan="4">任务内容</td></tr>
<tr><td colspan="4">1. 了解 RAPID 的程序结构。
2. 掌握 RAPID 的程序数据的运用方法。
3. 掌握 RAPID 表达式的运用方法。
4. 掌握 RAPID 流程指令的运用方法。
5. 掌握控制 RAPID 程序流程的运用。
6. 掌握机械臂运动原理。
7. 掌握输入输出信号的运用方法。</td></tr>
<tr><td rowspan="6">考核项目</td><td colspan="3">描述 RAPID 的程序结构</td></tr>
<tr><td colspan="3">描述 RAPID 的程序数据的创建方法</td></tr>
<tr><td colspan="3">描述 RAPID 的表达式的运用方法</td></tr>
<tr><td colspan="3">描述 RAPID 的流程指令的运用方法</td></tr>
<tr><td colspan="3">描述 RAPID 的机械臂运动原理</td></tr>
<tr><td colspan="3">描述输入输出信号的运用方法</td></tr>
</table>

资 料	工 具	设 备
教材		计算机

表 3-27　RAPID 编程任务完成报告

姓　　名		任务名称	基本 RAPID 编程
班　　级		同组人员	
完成日期		实施地点	

单选题

（1）若要创建一个只能够被该数据所在的程序模块所调用的数据，则其范围需要设为？（　　）

A. 全局

B. 本地

C. 任务

（2）程序指针重置后，哪种类型的数据会恢复成初始值？（　　）

A. 变量

B. 可变量

C. 常量

（3）在程序运行过程中对数据进行赋值，需要使用哪个赋值符号？（　　）

A. =

B. ==

C. :=

（4）机器人最常用的位置数据类型为？（　　）

A. robPosition

B. robtarget

C. jointarget

3.2　手动编程和离线编程

本节介绍手动编程和离线编程的例子，包括移动指令模板的运用和路径调试。

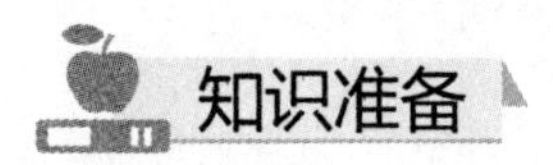

3.2.1　手动编程

创建工作站：在 ABB 模型库中导入 IRB 1200 机器人，在导入模型库的设备中导入 table 和 Mytool，再将工具安装到机器人法兰盘上，选择从布局的方法导入机器人系统，如图 3-2 所示。

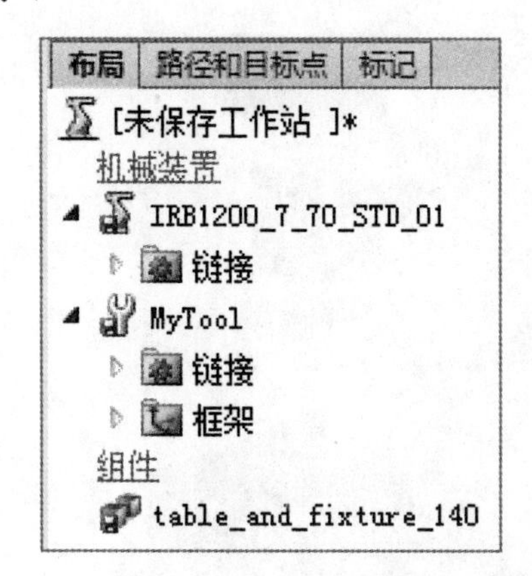

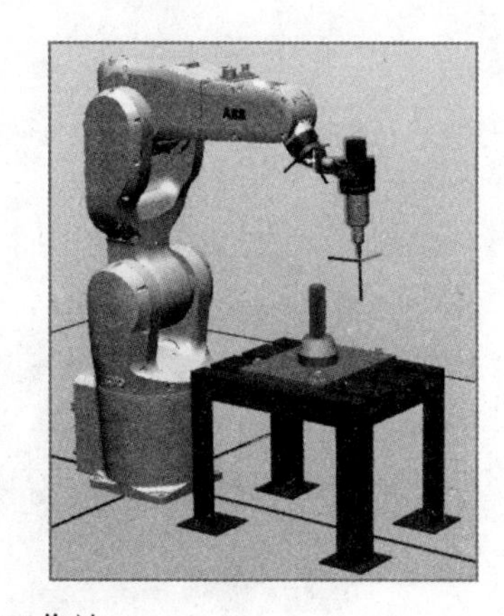

图 3-2　创建工作站

选择 MyTool 工具，在基本菜单中，在路径编程组中单击“示教目标点”，如图 3-3 所示，依次示教如图 3-4～图 3-7 中的 4 个位置。

图 3-3　示教目标点

再添加进入目标点，选择所有目标点，右击选择“添加新路径”，生成路径 path_p10，如图 3-8 和图 3-9 所示。

图 3-4　示教目标点 1

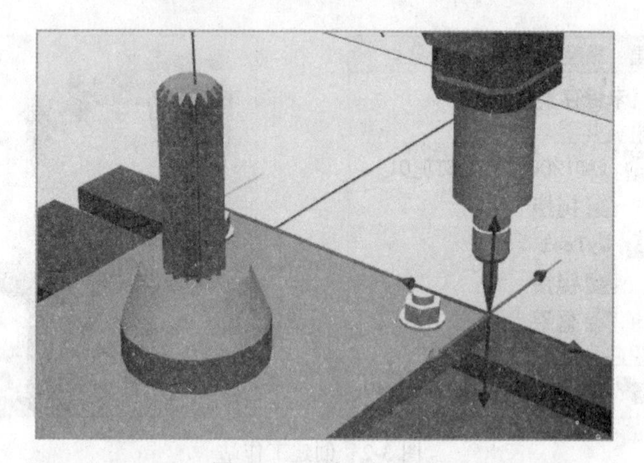

图 3-5　示教目标点 2

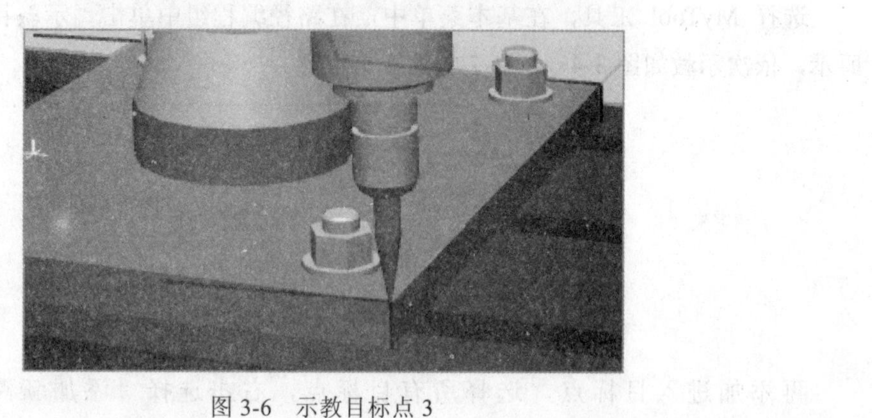

图 3-6　示教目标点 3

图 3-7 示教目标点 4

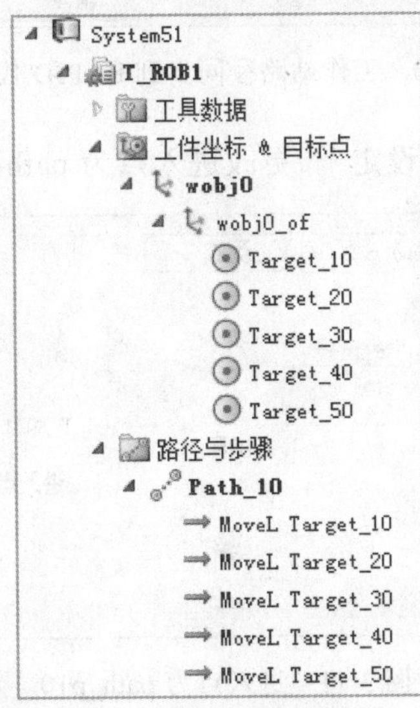

图 3-8 添加新路径

图 3-9 生成路径 path_p10

将工作站路径同步到 RAPID 代码中，如图 3-10 所示。

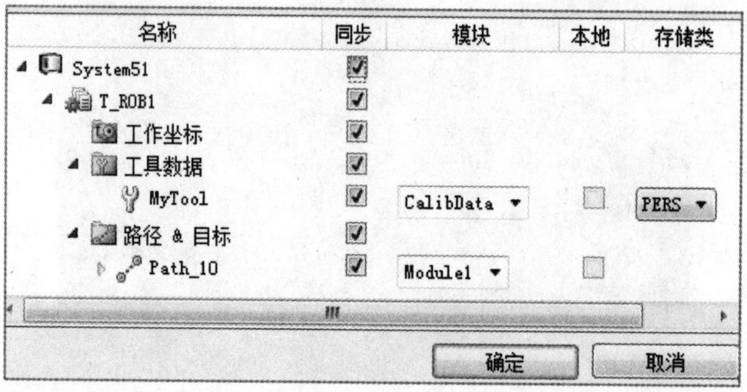

图 3-10　工作站路径同步到 RAPID 代码中

在仿真选项中，选择“仿真设定”，更改进入点为 path-p10，如图 3-11 所示。

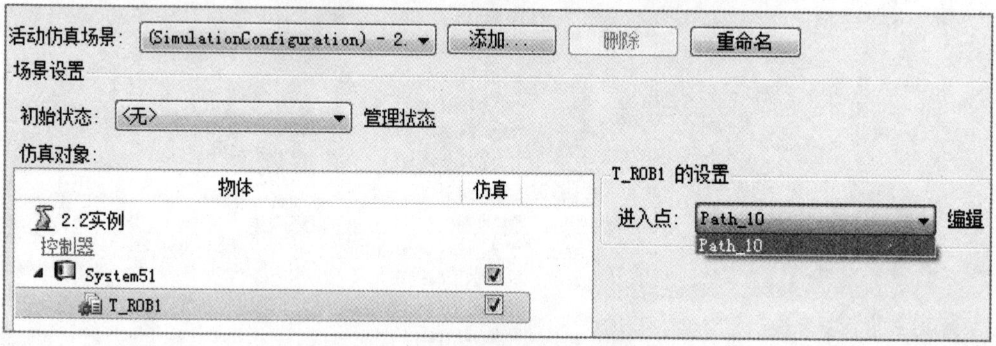

图 3-11　进入点为 path_p10

在仿真控制中，单击“播放”按钮，即运行路径轨迹，如图 3-12 所示。

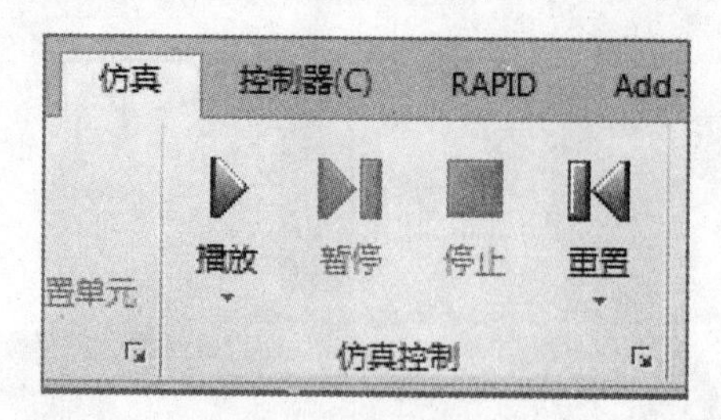

图 3-12　运行轨迹

3.2.2　离线编程

RobotStudio 支持强大的离线编程功能，可根据模型特征自动生成机器人轨迹，也可利用 CAM 代码直接转换成机器人代码，并且可动态分析路径性能，大大降低轨迹编程工作量。

离线编程与手动编程的区别是：离线编程非手动创建示教指令，而是通过工件几何体指定的轮廓线自动创建运动指令。而这种方法通常要求在创建工件时，工件自身具有相应的轮廓线或专门绘制符合机器人运动轨迹的轮廓线。

在机器人路径要求较高的场合中（如焊接、切割等），可以根据 3D 模型曲线特征自动转换成机器人的运动路径，下面就通过一个实例来介绍离线编程。

实例任务：机器人焊枪沿工件（名为热水器）的顶部边缘移动。创建如图 3-13 所示机器人系统，详细步骤参照《工业机器人仿真技术入门与实训》相应的章节。

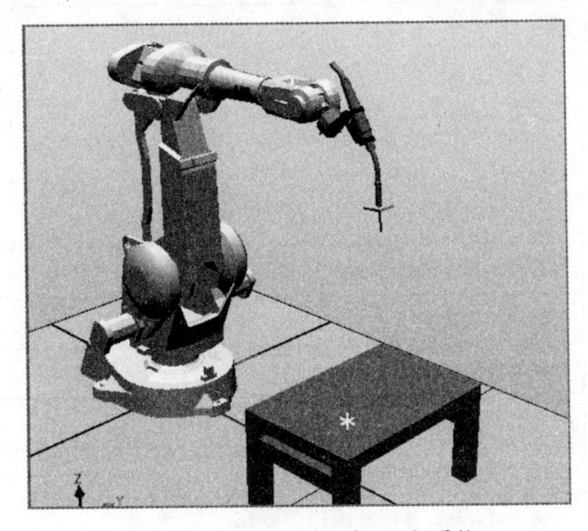

图 3-13　IRB2400L 机器人系统

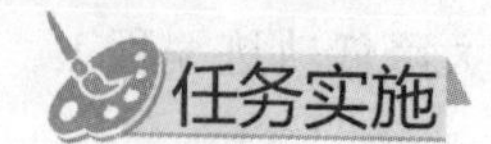

任务实施

本节任务实施见表 3-28 和表 3-29。

表 3-28 手动编程任务书

姓　　名		任务名称	手动编程和离线编程
指导教师		同组人员	
计划用时		实施地点	
时　　间		备　　注	
任务内容			
1．掌握移动指令模板的运用方法。 2．掌握路径调试的方法。 3．掌握创建工件的方法。 4．掌握创建工件坐标的步骤。 5．掌握建模功能。 6．了解选择自动路径的方法。 7．熟悉工具姿态的调整方法。			
考核项目	描述移动指令模板的运用方法		
	描述路径调试方法		
	描述如何创建工件坐标		
	运用建模功能创建一个正方体		
	描述如何选择自动路径		
	描述如何对路径进行调试		

资　　料	工　　具	设　　备
教材		计算机

表 3-29 手动编程任务完成报告

姓　名		任务名称	手动编程和离线编程
班　级		同组人员	
完成日期		实施地点	

操作题

分别用手动编程和离线编程的方法创建一个焊接机器人工作站安装焊枪，创建一个长度 500mm、宽度 200mm、高度 200mm 的长方形盒子，并在“盒子”左上角创建一个工件坐标，机器人焊枪绕着正方体盒子的上方边缘一周之后，再回到待机位置，如图 3-14 所示。

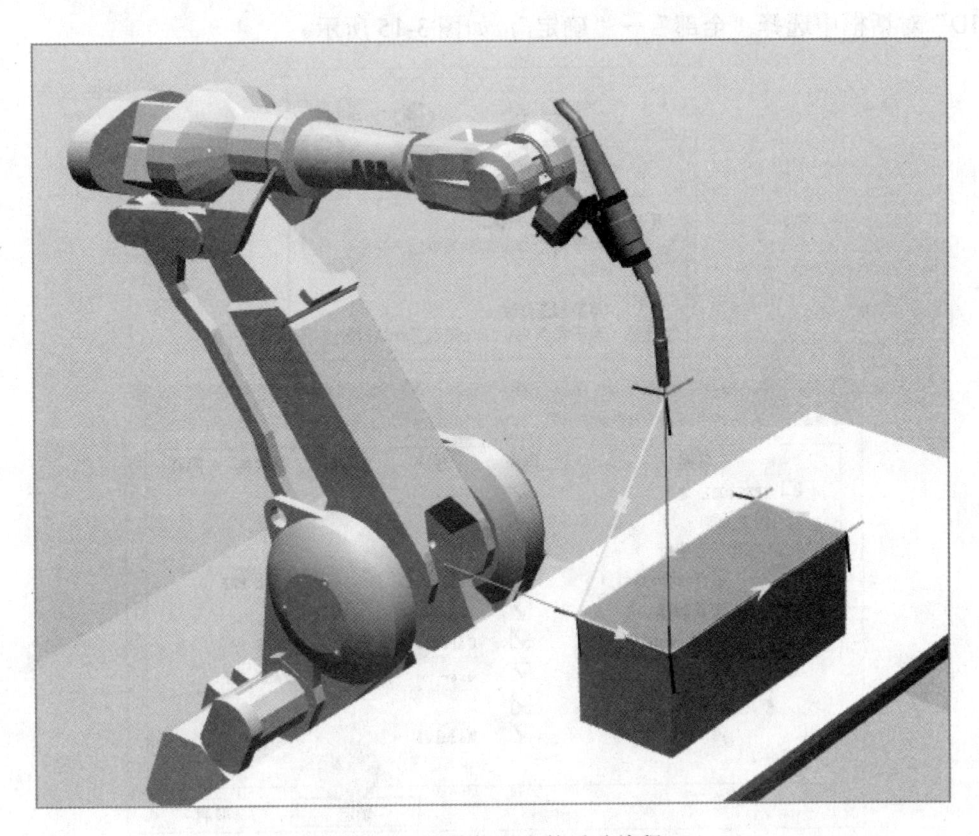

图 3-14 焊接机器人的手动编程

3.3 仿　真

本节介绍如何运用仿真验证机器人程序。

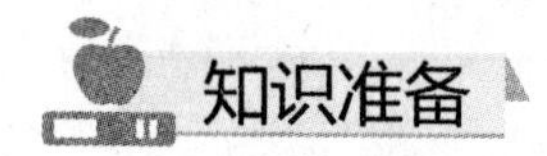

知识准备

（1）同步，将工作站对象同步到 RAPID 代码。

选择“基本”（或“RAPID”）菜单，单击“同步”→“同步到 RAPID”。在同步到 RAPID”对话框中选择“全部”→“确定”，如图 3-15 所示。

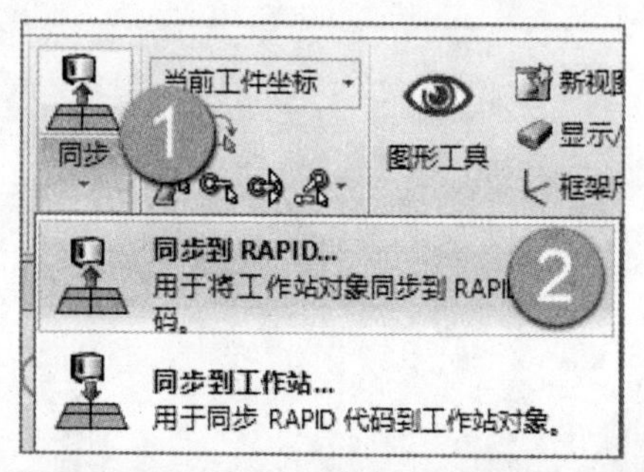

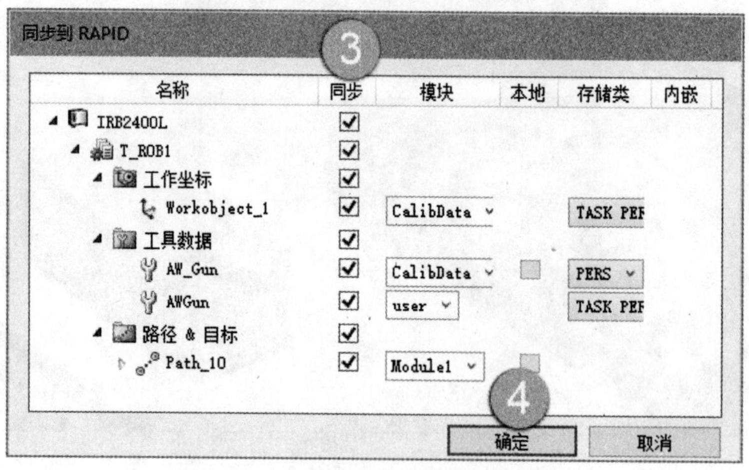

图 3-15　同步

（2）选择“仿真”菜单中的“仿真设定”，如图 3-16 所示。

（3）在弹出的“仿真设定”对话框中，修改“进入点”为 Path_10，单击 “关闭”退出对话框，如图 3-17 所示。

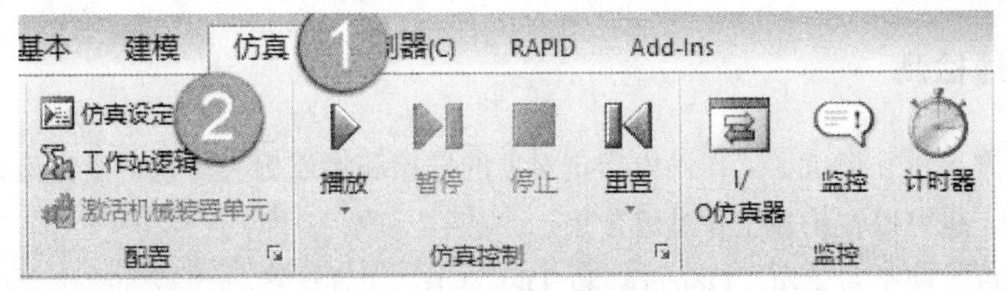

图 3-16　仿真设置菜单

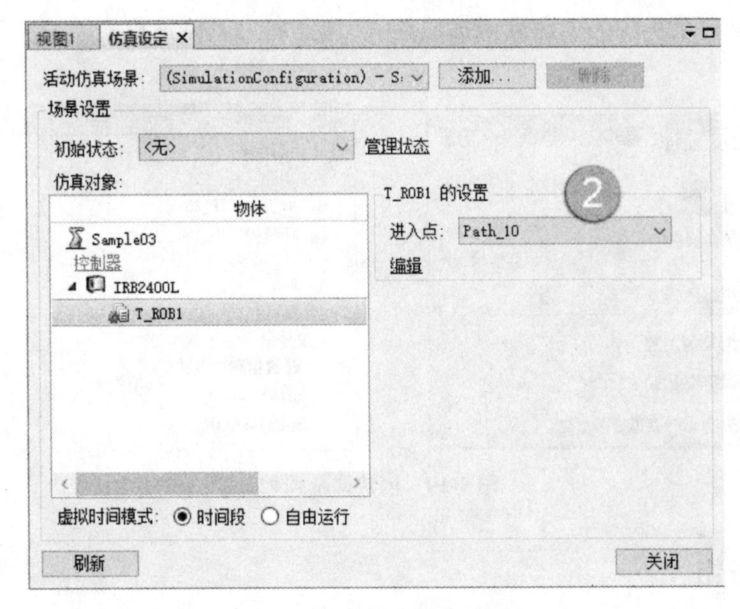

图 3-17　仿真进入点设置

3.3.1　仿真运行

进行仿真时，整个机器人程序将在虚拟控制器上运行。

选择“仿真”菜单，单击“播放”按钮（或执行工作窗口中播放键，效果相同），当仿真执行完成后，单击“停止”按钮，如图 3-18 所示。

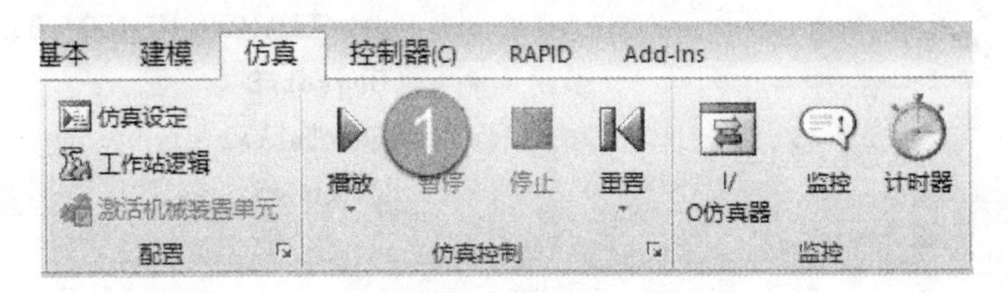

图 3-18　仿真运行

3.3.2 碰撞检测

碰撞检测显示并记录了工作站内指定对象的碰撞和接近丢失。它一般在仿真机器人程序期间使用，也可以在构建工作站时使用。

碰撞集包含两个对象组：ObjectA 和 Object B，可在工作站内设置多个碰撞集，但每一个碰撞集仅能包含两组对象。

选择“仿真”菜单中的“创建碰撞监控”，重命名为“碰撞检测监控_1”，创建方法如图 3-19 所示。

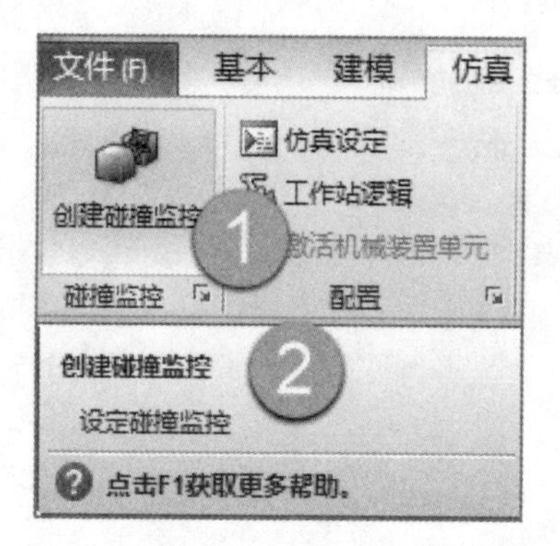

图 3-19　创建碰撞监控

3.3.3 碰撞分组

按图 3-20 分组方法将碰撞监控对象分成两大组。

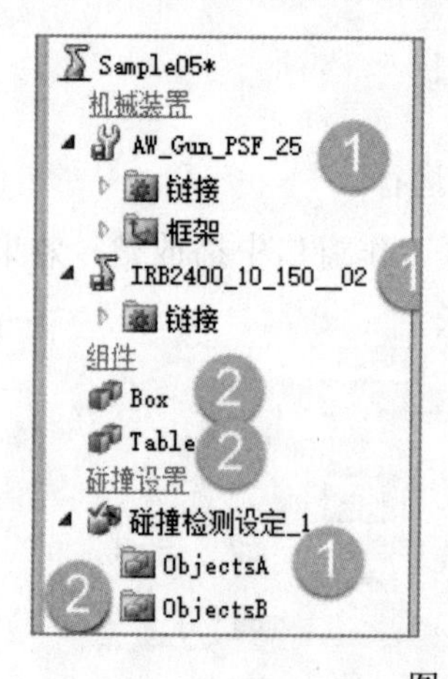

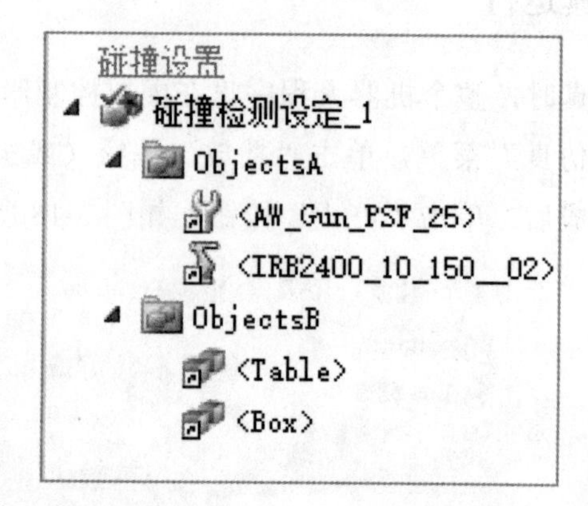

图 3-20　碰撞检测分组

在“布局”浏览器中：

（1）机器人+焊枪。将焊枪、机器人拖拽到 ObjectsA 中，组成 ObjectsA；

（2）盒子+桌子。将盒子、桌子拖拽到 ObjectsB 中，组成 ObjectsB。

当 ObjectsA 中的成员与 ObjectsB 中的成员发生碰撞时，产生报警。

3.3.4 碰撞设定

（1）碰撞参数设置，右击“碰撞检测设定_1”，选择“修改碰撞监控”，如图 3-21 所示。

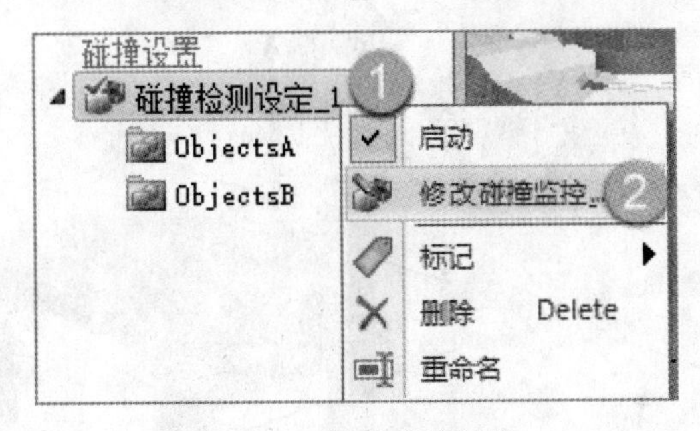

图 3-21 修改碰撞监控

（2）在“修改碰撞监控”对话框中，设置方法如图 3-22 所示：

（a）修改“接近丢失”报警参数；

（b）突显碰撞部件；

（c）碰撞颜色显示；

（d）接近颜色显示；

（e）单击“应用”。

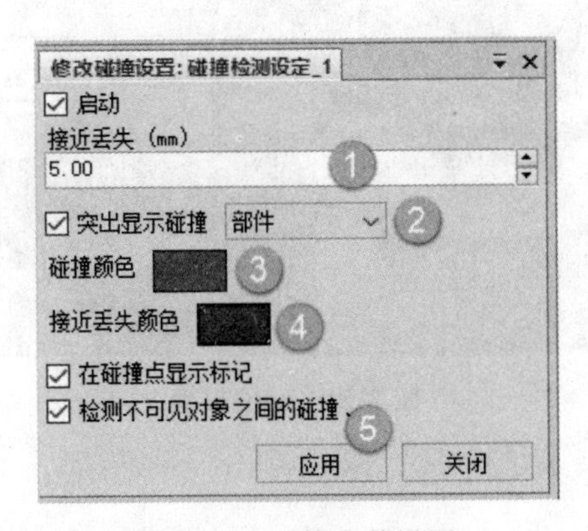

图 3-22 碰撞参数设置

（3）碰撞显示。

碰撞报警显示如图 3-23 和图 3-24 所示。

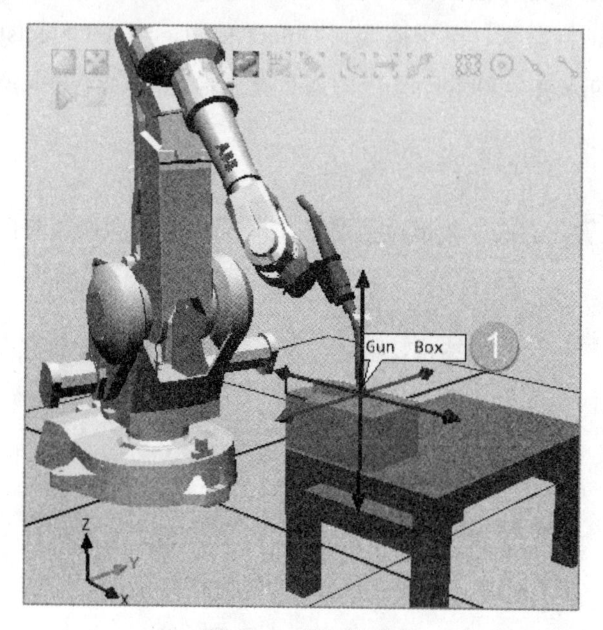

图 3-23　接近报警

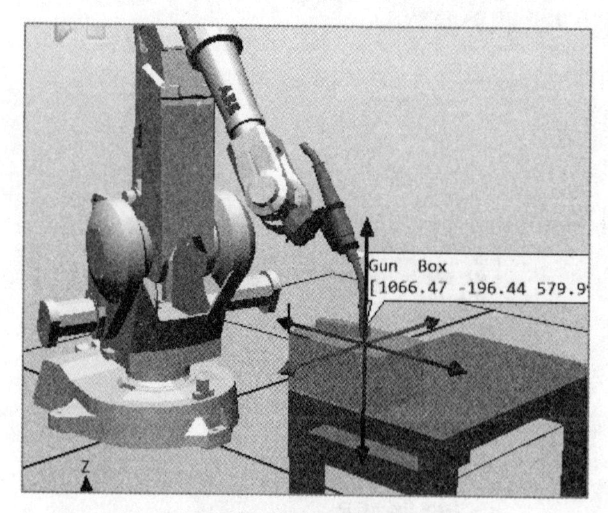

图 3-24　碰撞报警

任务实施

本节任务实施见表 3-30 和表 3-31。

表 3-30 仿真任务书

<table>
<tr><td>姓 名</td><td></td><td>任务名称</td><td>仿真</td></tr>
<tr><td>指导教师</td><td></td><td>同组人员</td><td></td></tr>
<tr><td>计划用时</td><td></td><td>实施地点</td><td></td></tr>
<tr><td>时 间</td><td></td><td>备 注</td><td></td></tr>
<tr><td colspan="4">任务内容</td></tr>
<tr><td colspan="4">1．掌握仿真运行方法。
2．了解碰撞检测的设置方法。
3．了解碰撞分组的方法。
4．掌握碰撞设定的步骤。</td></tr>
<tr><td rowspan="4">考核项目</td><td colspan="3">描述仿真运行</td></tr>
<tr><td colspan="3">描述碰撞检测</td></tr>
<tr><td colspan="3">描述碰撞分组</td></tr>
<tr><td colspan="3">描述碰撞设定</td></tr>
<tr><td colspan="2">资 料</td><td>工 具</td><td>设 备</td></tr>
<tr><td colspan="2">教材</td><td></td><td>计算机</td></tr>
<tr><td colspan="2"></td><td></td><td></td></tr>
<tr><td colspan="2"></td><td></td><td></td></tr>
<tr><td colspan="2"></td><td></td><td></td></tr>
</table>

表 3-31　仿真任务完成报告

姓　　名		任务名称	仿真
班　　级		同组人员	
完成日期		实施地点	

操作题

在上一节离线编程完成焊接机器人系统的基础上，运用仿真测试运行并使用碰撞检测及 TCP 轨迹跟踪功能，焊枪与工件碰撞显示红色，如图 3-25 和图 3-26 所示。

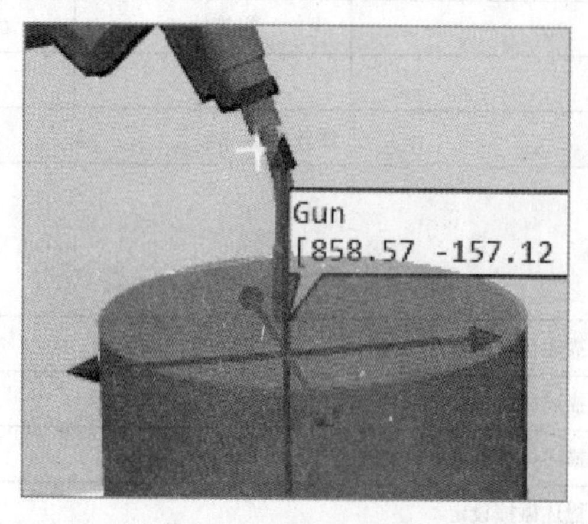

图 3-25　焊枪与工件碰撞

图 3-26　TCP 轨迹跟踪

3.4　程 序 数 据

ABB 工业机器人有三种基本数据类型：num（数字型数据）、string（字符型数据）、bool（逻辑型数据），其他数据由这三种数据组合而成。

本节介绍程序数据的存储类型、数据范围、常用的程序数据类型、运算符、数据初始值及创建程序数据的方法。

任务实施

程序数据是在程序模块或系统模块中设定值和定义的一些环境数据，ABB 工业机器人程序数据类型有很多种，不同的机器人系统环境能显示出来的数据类型也不尽相同。

（1）选择“控制器”菜单中的“示教器”/“虚拟示教器”。

（2）单击虚拟示教器的“主菜单”，选择“程序数据”，如图 3-27 所示。

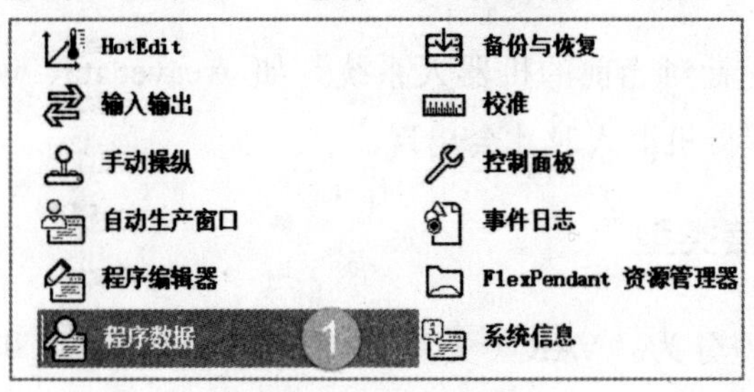

图 3-27　程序数据菜单

（3）单击“视图”，默认选项只显示“已用数据类型”，可选择“全部数据类型”显示全部数据类型，还可以更改数据类型的范围，如图 3-28 所示。

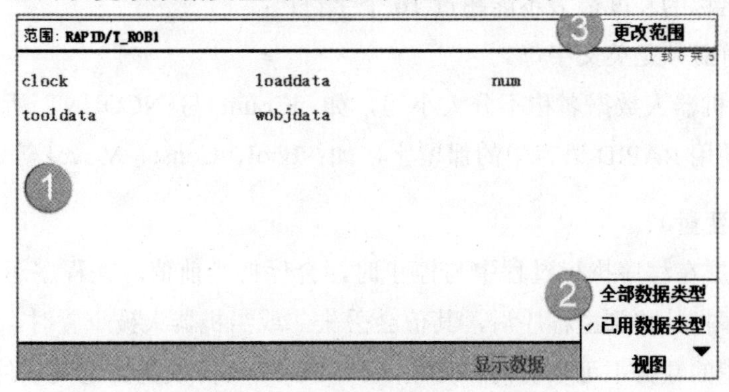

图 3-28　显示已用的数据类型

（4）单击“下翻页”或“下翻行”图标，可查看余下部分，如图 3-29 所示。

1 到 24 共 10

accdata	aiotrigg	bool
btnres	busstate	buttondata
byte	cameradev	cameraextdata
camerasortdata	cameratarget	cfgdomain
clock	cnvcmd	confdata
confsupdata	corrdescr	cssframe
datapos	dionum	dir
dnum	egmident	errdomain

图 3-29　全部数据

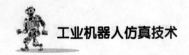

注意：这里的全部数据也非所有的数据类型，不同的机器人系统可能有所不同。例如，有些数据只有启用相应的功能后才会显示，如不启用，即使选择“显示全部数据”也不会显示。

这里的全部数据只针对当前的机器人系统，如 weavedata、welddata、seamdata 等，即只有机器人配置成焊接机器人时才会出现。

3.4.1　程序数据存储类型

程序数据存储类型分为：VAR（变量）、PERS（可变量）和 CONST（常量）三大类，程序数据存储类型限定字符不分大小写。

在数据命名时，必须合符以下要求：

（1）数据名称只能使用字母、数字及下划线；

（2）数据名称的长度最多不能超过 16 个字符；

（3）首字符必须是英文字母。

ABB 工业机器人数据名称不分大小写，如 nCount 与 NCOUNT 所代表的是一个对象，但不允许使用 RAPID 语言中的保留字，如：bool、Const、MoveJ 等。

1．VAR（变量）

VAR 型数据在程序执行过程中与停止时，会保持当前值。在程序运行中，可以被赋值，但如果程序指针移到主程序后，其值会丢失，或当机器人被重置时，变量的值会自动复位，而此类型的数据不可以访问和使用 ABB PC SDK 开发的自定义软件，例如：

```
VAR num length;
```

定义一个名称为 length 的 num（数字型）变量。

```
VAR num globalvar := 123;
```

定义一个名称为 globalvar 的 num（数字型）变量，并赋初始值为 123。

```
VAR string sName := "Summer";
```

定义一个名称为 sName 的 string（字符型）变量，并赋初始值为 Summer。

```
VAR bool blOK := false;
```

定义一个名称为 blOK 的 bool（布尔型）变量，并赋初始值为 false。

2. PERS（可变量）

PERS 可变量无论程序指针在何处，都会保持最后赋值。在机器人系统内，可变量数据受系统参数定义限制。

PERS 类型的变量可以被使用 ABB PC SDK 开发的自定义软件所访问，例如：

```
PERS num nCount :=0;
```

定义一个名称为 nCount 的 num （数字型）变量，并赋初始值为 0。该变量可以通过 ABB PC SDK 访问。

在程序中赋值示例：

```
PERS num nbr:=1;
PROC main()
   nbr:=2;
ENDPROC
```

程序执行后

```
PERS num nbr:=2;
PROC main()
    nbr:=2
ENDPROC
```

3. CONST（常量）

CONST 在定义时必须赋值，并且其值也只能是在定义时赋值，在程序执行过程中，其值始终不变，不允许由程序修改和赋值，除非手动在程序代码中赋值，例如：

```
CONST num nCycle :=8;
```

定义一个名称为 nCycle 的数字型常量，且赋值为 8。

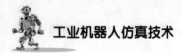

```
CONST string sMess := "HELLO WORLD";
```

定义一个名称为 sMess 的字符型常量，且赋值为 HELLO WORLD。

3.4.2 数据范围

ABB 工业机器人程序中，可定义的数据范围有三种。

（1）Global（全局数据）：所有模块与例行程序都可以调用的数据。

（2）Local（本地数据）：只有当前模块及其包含的例行程序才可以调用的数据。

（3）例行程序数据：被定义在例行程序内，也只在定义该数据的例行程序才可以调用。当程序执行到此例行程序时，该数据才被调用，执行完当前此例行程序之后，该数据值丢失。每执行此例行程序时，该数据都将为初始值。

在同一数据范围内，不可有相同的数据名。不同的数据范围内，允许相同的数据名。

模块数据可与名称相同的全局数据并存，但这两数据必须位于不同的模块中。例行程序数据可以与名称相同的模块数据或全局数据并存。

3.4.3 常用程序数据类型

根据数据的用途不同，可以定义多种不同程序数据，还可以根据需要自定义数据。常用程序数据类型见表 3-32。

表 3-32 常用程序数据类型

程序数据	说 明
bool	布尔量
byte	0～255 整数数据
clock	计时数据
dionum	数字输入输出信号
extjoint	外轴位置数据
intnum	中断标识符
jointtarget	关节位置数据
loaddata	载荷数据
mecunit	机械单元数据
num	数值数据
orient	姿态数据

续表

程序数据	说　明
pos	位置数据（仅包含 X、Y 和 Z）
pose	坐标转换
robjoint	机器人轴角度数据
robtarget	机器人目标点数据，包括机器人与外轴位置的数据
speeddata	机器人、外轴速度数据
string	字符串数据
tooldata	工具数据
trapdata	中断数据
wobjdata	工件数据
zonedata	TCP 拐弯半径值

在 ABB 工业机器人程序中，有大量的组合型程序数据，具体见表 3-33。

例如：

```
var pos pos0:=[5, 6, 8.8];
```

表 3-33　pos0 组合数据说明

坐　标　轴	值	数据类型
X	5	num
Y	6	num
Z	8.8	num

组合数据类型，其基本数据都可以单独赋值，例如：

```
MODULE CalibData
    PERS tooldata AW_Gun:=[TRUE, [[119.5, 0, 352], [0.890213743, 0,
        0.455543074, 0]], [1, [0, 0, 100], [1, 0, 0, 0], 0, 0, 0]];
PERS wobjdata xmut:=[FALSE, TRUE, "", [[1235, -37.5, 900], [1, 0, 0,
        0]], [[0, 0, 0], [1, 0, 0, 0]]];
ENDMODULE
```

现将修改工具 AW_Gun 中的部分数据，如：robhold、trans.x 的值：

```
AW_Gun.robhold:=TRUE;
AW_Gun.tframe.trans.x :=100;
```

3.4.4 运算符

1．算术运算符

ABB 工业机器人算术运算符见表 3-34。

表 3-34 算术运算符

运 算 符	说 明	示 例	结果类型
+	Addition（加法）	Num +num	num
+	Unary plus	Numor * pos	same
+	Vector addition（矢量加）	Pos + pos	pos
+	String concatenation（字符连接）	String + string	String
-	Subtraction（减法）	Num – num	Num
-	Unary minus	-num、-pos	Same
-	Vector subtraction（矢量减）	Pos – pos	Pos
*	Multiplication（乘法）	Num * num	Num
*	Scalar vector multiplication	Num * pos pos * num	Num
*	Vector product	Pos * pos	Pos
*	Linking of rotation	Orient * orient	Orient
/	Division（除法）	Num/num	Num
Div	Integer division（整除）	Num div num(仅限整数)	Num
Mod	Inter modulo（求模）	Num mod num(仅限整数)	num

注意：ABB 工业机器人的算术运算符优先级与数学中所用到的基本一致。

2．关系运算符

ABB 工业机器人关系运算符见表 3-35。

表 3-35 关系运算符

布尔运算符	说 明	示 例	结果类型
<	小于	数字型 < 数字型	bool
<=	小于等于	数字型 <= 数字型	bool
=	等于	数字型 = 数字型	bool
>=	大于等于	数字型 >= 数字型	bool
>	大于	数字型 > 数字型	bool
<>	不等于	任何类型 <> 任何类型	bool

3．逻辑运算符

逻辑运算符见表 3-36。

表 3-36　逻辑运算符

布尔运算符	说　明	示　例	结果类型
and	与	Bool and bool	bool
or	或	Bool or bool	bool
not	非	Not bool	bool
xor	异或	Bool xor bool	bool

与运算：全真得真。只有当表达式左侧为真时，才进行右侧计算。

或运算：一真得真。只有当表达式左侧为假时，才进行右侧的计算。

异或运算：相异得真，相同为假。

3.4.5　数据初始值

不同存储类型数据值的变化见表 3-37。

表 3-37　不同存储类型数据值的变化

	加载程序打开	移动指针例行程序	程序赋值	手动赋值
VAR	初始化	初始化	可赋值，初值不变	可赋值，初值不变
PERS	初始化	不变	可赋值	可赋值
CONST	初始化	初始化	不允许	可赋值
中断数据	删除	删除	—	—

另外，当热启动、程序执行环循结束、启动程序 STOP、启动程序时，所有数据不改变。

VAR（变量）与 CONST（常量）数据初始值可以用赋值表达式，但可变量的初始值不允许使用表达式赋值，例如：

```
CONST num num0 :=10;
CONST num num1 :=2;
CONST num num2 := num0+num1;
VAR num num3 := num0+num1;
PERS NUM num4 :=8;
```

以上这些都是正确的，下面表达是错误的。

```
PERS NUM num5 := num0+num1;
```

3.4.6 创建程序数据

程序数据可以在示教器中创建，也可以在 RobotStudio 软件中创建，部分数据可以在软件中自动生成，无需手动创建。

下面介绍如何在示教器中创建名称为 nCount 的 num 类型数据。

1. 示教器中创建数据

（1）打开示教器，将操作模式切换到手动模式，在示教器的主菜单中选择“程序数据”。

（2）在数据类型页面中选择需要的类型（num），如果该类型不在当前页面（根据程序使用数据类型情况的不同，图中显示的数据类型也不同），单击右下角“视图”中的“显示全部数据类型”。双击“num”或单击后选择“显示数据”，单击“新建”，如图 3-30 所示。新数据声明参数说明见表 3-38。

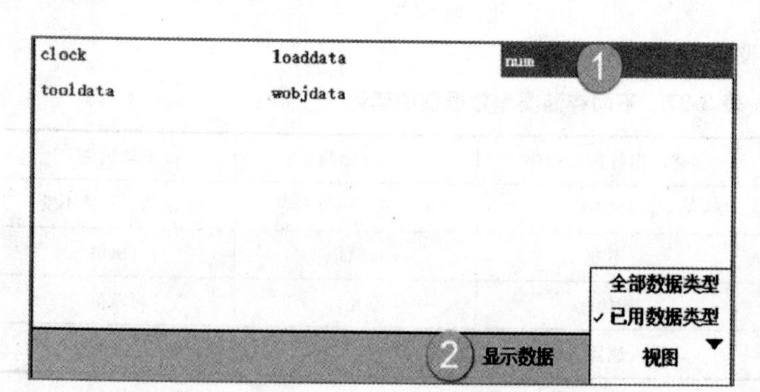

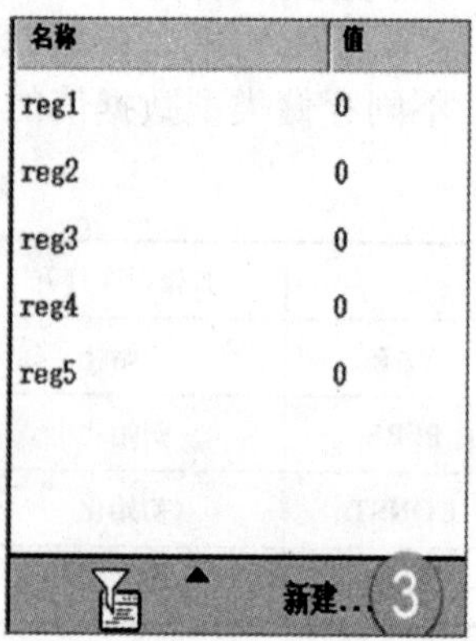

图 3-30　数据类型

表 3-38　新数据声明参数说明

参　数	说　明
名称	数据名称
范围	数据可使用范围
存储类型	数据存储类型：变量、可变量、常量
任务	数据所在有任务
模块	写入数据的模块

续表

参　数	说　明
例行程序	写入数据的例行程序
维数	数据维数
初始值	数据初始值，数据类型不同，初始值选项也不同

2．在 RobotStudio 软件中查看数据

选择“控制器”浏览器，在 RAPID 节点中选择 T_ROB1（任务），双击 user 模块，如图 3-31 所示。

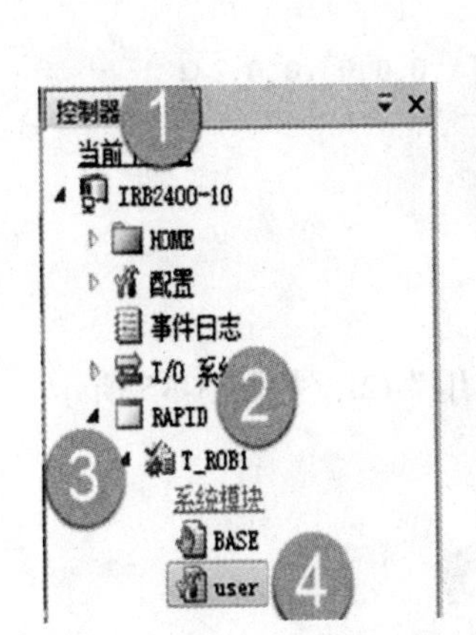


```
2   MODULE user (SYSMODULE)
3
4     ! Predefined user data
5     !*********************
6
7     ! Declaration of numeric registers reg1...reg5
8   ⊟ VAR num reg1 := 0;
9     VAR num reg2 := 0;
10    VAR num reg3 := 0;
11    VAR num reg4 := 0;
12    VAR num reg5 := 0;
13
14    ! Declaration of stopwatch clock1
15    VAR clock clock1;
16    VAR num nCount:=0;
17
18    ! Template for declaration of workobject wobj1
19    !TASK PERS wobjdata wobj1 := [FALSE, TRUE, "", [[0, 0, 0],[1, 0, 0,
20
21  ENDMODULE
```

图 3-31　模块

3．在 RobotStudio 软件中创建数据

在 RobotStudio 中创建名称为 loaddata0 的 loaddata 载荷数据，利用 RobotStudio 软件编程时的智能感知功能，可以快速完成数据的定义。

（1）输入变量存储类型（TASK PERS），选择数据类型（loaddata），如图 3-32 所示。

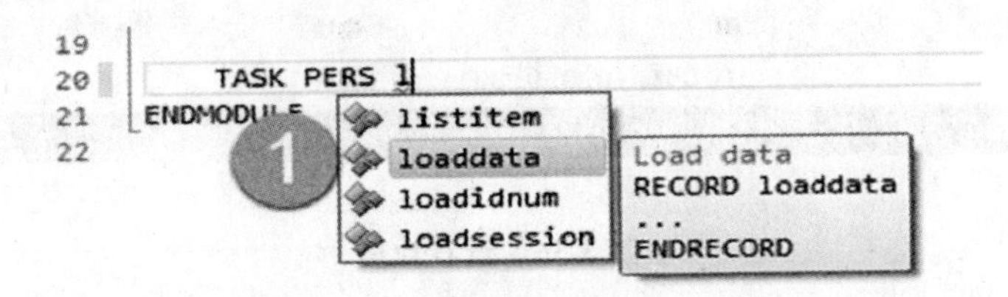

图 3-32　RobotStudio 软件智能感知数据类型

（2）数据类型选择完成后，不需要按空格键加空格，直接单击 Tab 键，系统智能感知功能会自动生成一串与本数据相对应的默认字符，如图 3-33 所示。

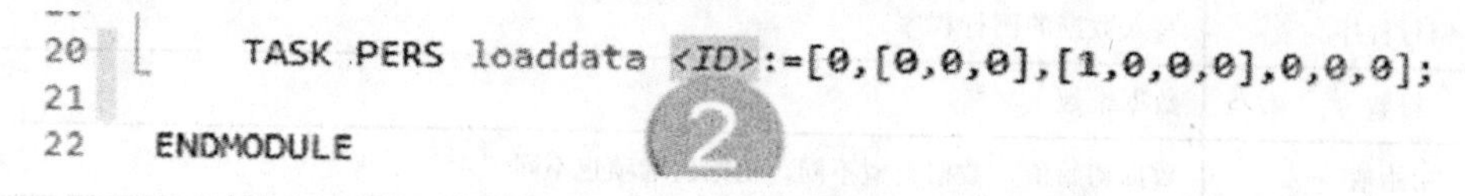

图 3-33　智能感知

（3）输入自定义数据名称（注意：图 3-33 中的<ID>处直接输入名称，不可用手动删除，否则可能会造成本类数据自动智能感知失效）。

（4）变量参数的值如图 3-34 所示。

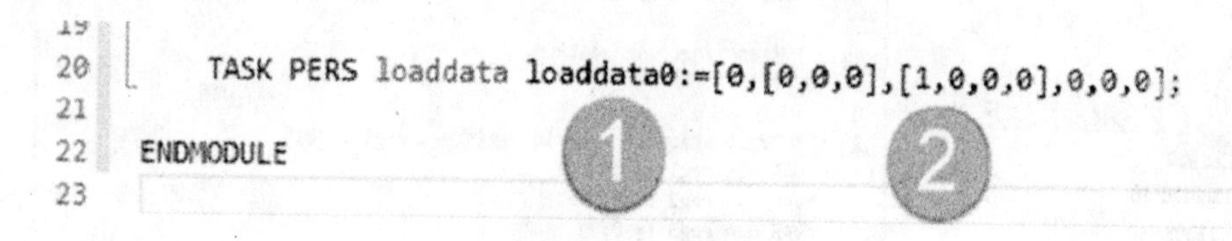

图 3-34　数据定义

（5）当参数设定完成后，选择“RAPID”菜单中的“应用”②，如图 3-35 所示。

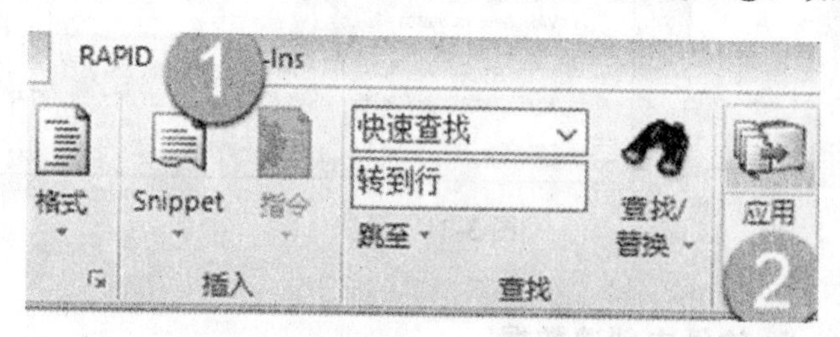

图 3-35　应用

（6）利用在示教器中创建数据的方法，查看在 RobotStudio 中创建的数据，如图 3-36 所示。

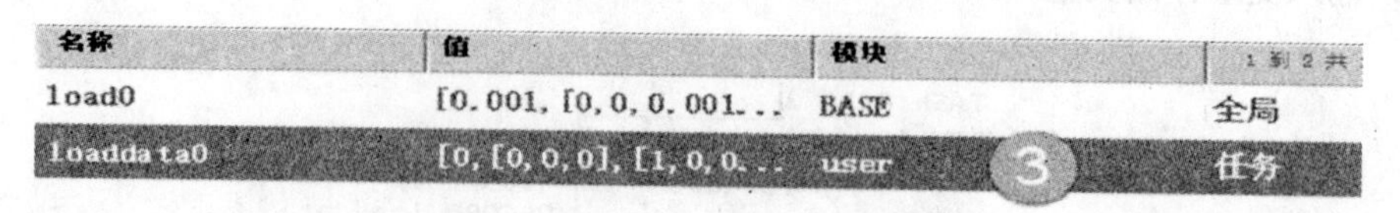

名称	值	模块	1 到 2 共
load0	[0.001, [0, 0, 0.001...	BASE	全局
loaddata0	[0, [0, 0, 0], [1, 0, 0...	user	任务

图 3-36　查看数据

（7）单击“loaddata0”，查看参数详细信息，如图 3-37 所示。

名称	值	数据类型	2 到 7 共 14
mass :=	0	num	
cog:	[0,0,0]	pos	
x :=	0	num	
y :=	0	num	
z :=	0	num	
aom:	[1,0,0,0]	orient	

图 3-37　loaddata0 数据参数

任务实施

本节任务实施见表 3-39 和表 3-40。

表 3-39 程序数据任务书

姓　　名		任务名称	程序数据
指导教师		同组人员	
计划用时		实施地点	
时　　间		备　　注	

任务内容	
1. 掌握程序数据存储类型。 2. 掌握数据范围。 3. 了解常用程序数据类型。 4. 掌握运算符的运用。 5. 了解数据初始值及其变化。 6. 掌握创建程序数据的方法。	
考核项目	描述程序数据存储类型有哪些
	描述不同数据的范围的区别
	描述常用程序数据有哪些类型
	描述运算符有哪些类型
	描述不同数据初始值的区别
	创建一个常量 Robtarget 位置程序数据 p10

资　　料	工　　具	设　　备
教材		计算机

表 3-40　程序数据任务完成报告

姓　　名		任务名称	程序数据
班　　级		同组人员	
完成日期		实施地点	

1．选择题

赋值运算中，被赋值对象的数据不能是哪一种类型？（　　）

A．常量

B．变量

C．可变量

2．操作题

（1）在 RobotStudio 软件中创建一个位置型（Robtarget）可变量 p20。

（2）在示教器中创建一个数值型（num）变量 x。

（3）在 RobotStudio 软件中创建一个 Global(全局数据)字符串型（string）变量 sName。

3.5 程序指令

ABB 工业机器人的 RAPID 编程提供丰富的指令来完成各种应用。本节介绍 RAPID 程序的基本指令、函数、运动控制指令以及外轴指令。

知识准备

3.5.1 基本运动指令

1. MoveL

1）主要用途

该指令主要用于对机器人 TCP 运动路径要求较高的情形，如焊接、切割、涂胶等。

当需要让机器人 TCP 直线运动到目标点时使用 MoveL 指令。但运动路径不宜过长，否则机器人容易到达奇异点（若机器人到达奇异点，可在两点间加入中间点）。

2）范例

例 1：MoveL p10，vMax，z10，Aw_Gun \Wobj :=wobjcnv1;

说明：让机器人工具 Aw_Gun 在工件坐标系（wobjcnv1）下，TCP 以最大速度直线运动到 p10，拐弯半径为 10mm。

例 2：MoveL p20，v200\T:=10，fine，Aw_Gun \Wobj :=wobjcnv1;

说明：指定机器人工具 Aw_Gun 在工件坐标系（wobjcnv1）下，TCP 以 200mm/s 速度直线运动，限时 10s 到达 p20，拐弯数据为 fine。本例以 10s 为准。

上述两个例子中：

p10、p20 为目标点，数据类型为 robotarget。

vMax、v200 为速度数据 speeddata，单位 mm/s。

Aw_Gun 为工具数据 tooldata。

Z10、fine 为拐弯数据 zonedata。

3）简单编程

实例 1：让 ABB 工业机器人按图 3-38 中的路径运动。

示例分析：

（1）机器人从 pHome 点出发；

（2）首先达到 p10 点；

（3）然后沿逆时针方向分别经过点 p20、p30、p40；

（4）然后又回到 p10 点；

（5）最后回到安全停止位 pHome。

从指定的运动路径可以看出，机器人必须到达每个目标点的角点，所以其拐弯数据全部为 fine。

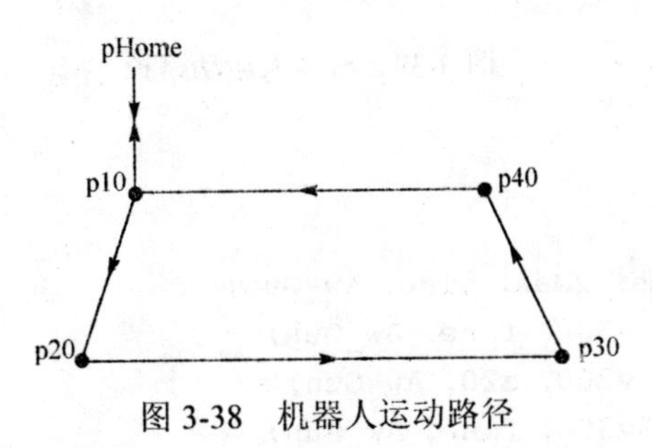

图 3-38　机器人运动路径

程序编写：

```
PROC main()
    MoveL phome, vMax, fine, Aw_Gun;
    MoveL p10, v300, fine, Aw_Gun;
    MoveL p20, v300, fine, Aw_Gun;
    MoveL p30, v300, fine, Aw_Gun;
    MoveL p40, v300, fine, Aw_Gun;
    MoveL p10, v300, fine, Aw_Gun;
    MoveL phome, vMax, fine, Aw_Gun;
Endproc
```

实例 2：让 ABB 工业机器人按图 3-39 中的路径运动。

示例分析：

（1）机器人从 pHome 点出发；

（2）先达到 p10 点；

（3）再沿逆时针方向分别经过点 p20、p30、p40

（4）再回到 p10 点；

（5）最后回到安全停止位 pHome。

从指定的运动路径可以看出，与实例 1 不同的是，点 p20、p40 的拐弯数据分别为 20、10，点 pHome、p10、p30 拐弯数据为 fine。

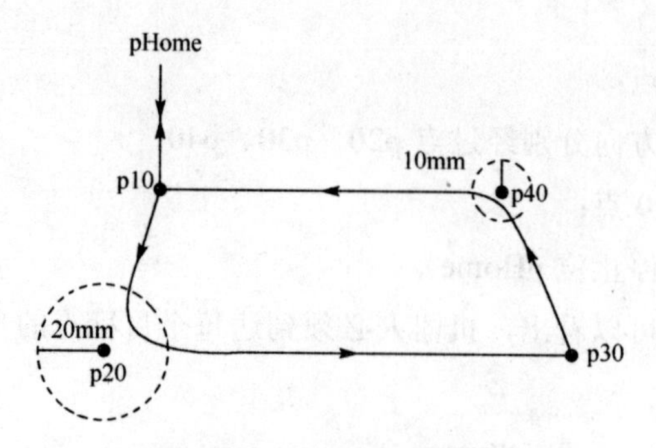

图 3-39　机器人运动路径

程序编写：

```
PROC main()
    MoveL phome, vMax, fine, Aw_Gun;
    MoveL p10, v300, fine, Aw_Gun;
    MoveL p20, v300, z20, Aw_Gun;
    MoveL p30, v300, fine, Aw_Gun;
    MoveL p40, v300, z10, Aw_Gun;
    MoveL p10, v300, fine, Aw_Gun;
    MoveL phome, vMax, fine, Aw_Gun;
Endproc
```

2. MoveJ

1）主要用途

该指令用于对机器人 TCP 运动路径要求不高的情形。机器人和外部轴沿着非线性路径快速移动到目标位置，所有轴位置在同一时间到达目的地，运动范围较大。其真实运动路径由机器人自动规划，不易出现奇异点的情况。

2）范例

MoveJ　p10，vMax，　z10，Aw_Gun;

3）简单编程

在前面的程序编写中，机器人从 pHome 点运动到 p10 点，在无特殊要求情况下，可做以下修改，例如：

```
PROC main()
    MoveJ phome, vMax, fine, Aw_Gun;
    MoveL p10, v300, fine, Aw_Gun;
    MoveL p20, v300, fine, Aw_Gun;
    MoveL p30, v300, fine, Aw_Gun;
```

```
        MoveL p40, v300, fine, Aw_Gun;
        MoveL p10, v300, fine, Aw_Gun;
        MoveJ phome, vMax, fine, Aw_Gun;
    Endproc
```

3. MoveC

圆弧运动通过（上一个结束点）起点、（指令中的第 1 点）中间点及（指令中的第 2 点）终点来确定的圆弧路径运动。

1）主要用途

机器人沿着指定的圆弧运动，如图 3-40 所示。

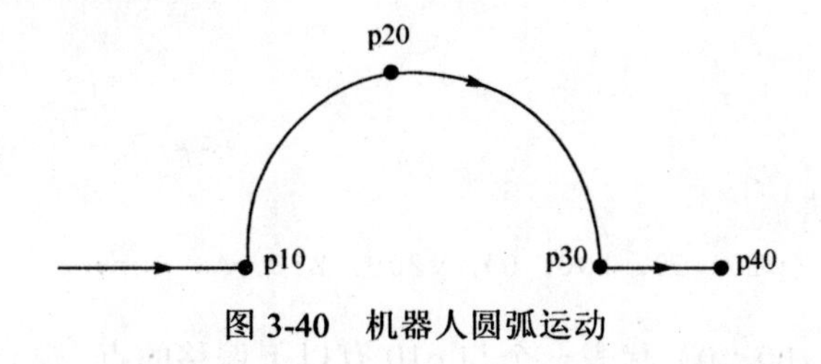

图 3-40　机器人圆弧运动

2）范例

MoveC p10,　p20,　v200,　z10,　Aw_Gun;

3）简单编程

示例分析：

（1）机器人直线运动到 p10 点；

（2）再圆弧运动经过 p20 点，到 p30 点圆弧运动结束；

（3）直线运动到 p40 点。

```
    PROC main()
        MoveL p10, v200, fine, Aw_Gun;
        MoveC p20, p30, v200, fine, Aw_Gun;
        MoveL p40, v200, fine, Aw_Gun;
    Endproc
```

从图 3-40 中得知，机器人圆弧运动的第 1 点为 p10，经过点为 p20，终点为 p30。

4. MoveAbsJ

绝对位置运动指令，直接指定机器人 6 个轴的角度来控制机器人运动，常用于机器人回归机械原点。

1）主要用途

常用于机器人回归机械原点。

2）范例

MoveAbsJ p50， v1000， z50， Aw_Gun。

3）MoveAbsJ 与 MoveJ 的区别

MoveAbsJ 的目标点是用六个轴伺服电机的偏转角度值来指定的。

MoveJ（或 MoveL）的目标点是用坐标系 X、Y、Z 的值来指定的。

3.5.2 函数

1．Offs

示例如下：

```
MoveL Offs (p10, 50, 100, 0), v200, Z10, Aw_Gun;
```

Offs（p10，50，100，0）代表一个与 p10 有以下偏移的点：

（1）X 轴偏移 50mm；

（2）Y 轴偏移 100mm；

（3）Z 轴偏移 0mm。

Offs( )函数坐标方向与工件坐标系一致。

2．RelTool

示例如下：

```
Movel RelTool(p10, 50, 100, 0\Rx:=20\Ry:=30\Rz:=40), v200, Z10, Aw_Gun;
```

RelTool(p10，50，100，0\Rx:=20\Ry:=30\Rz:=40)代表一个与 p10 有以下偏移的点：

（1）距 X 轴偏移 50mm；

（2）Y 轴偏移 100mm；

（3）Z 轴偏移 0mm；

（4）X 轴偏转 20°；

（5）Y 轴偏转 30°；

（6）Z 轴偏转 40°。

RelTool()函数坐标方向与工具坐标系一致。

3.5.3 运动控制指令

常用的运动控制指令有：AccSet、VelSet、Confj、ConfiL、 SingArea、PathResol、SoftAct、SoftDeact 等。

1. AccSet

1）格式

AccSet 的程序格式：AccSet Acc，Ramp;

Acc：机器加速度百分比。

Ramp：机器人加速坡度。

2）应用

当机器人运行速度改变时，对加速度产生限制，让机器人在高速运行时更加平稳，但会延长环循周期。

系统默认值为：AccSet 100，100;

该语句一般用在机器人的初始化程序中。

3）应用示例

AccSet 如图 3-41 所示。

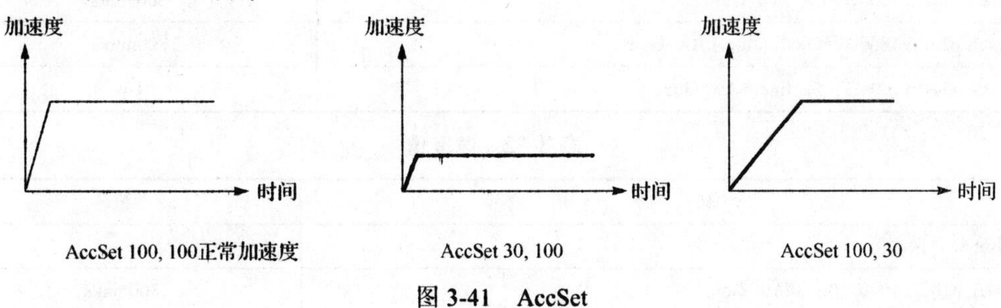

图 3-41　AccSet

4）限制

当 Acc <20，Acc =20。

当 Ramp <10，Ramp =10。

下列情形时，机器人将自动恢复为默认值：

（1）机器人冷启动;

（2）系统加载新程序;

（3）程序重置。

2．VelSet

1）格式

Velset 的程序格式：Velset num，num;

当运动指令中使用了参变[\T]时，最大速度无效，示例如下：

```
MoveL p20, v200\T:=10, fine, Aw_Gun \Wobj :=wobjcnv1;
```

该指令让机器人运动时，只以时间 10s 为参考。

2）应用

Override 仅对速度数据中所有项有效，但地对焊接参数 WeldData、SeamData 中的机器人运行速度无效。

Max 仅作用于速度数据中的 TCP。

3）应用示例

Velset 应用实例见表 3-41 和表 3-42。

表 3-41　速度值

指　　令	值
Velset 50，800;	
MoveL p10，v1000，fine，Aw_Gun;	500mm/s
MoveL p20，v1000\V:=2000，fine，Aw_Gun;	800mm/s
MoveL p30，v1000\T:=5，fine，Aw_Gun;	10s

表 3-42　速度值

指　　令	值
Velset 80，1000;	
MoveL p10，v1000，fine，Aw_Gun;	800mm/s
MoveL p20，v5000，fine，Aw_Gun;	1000mm/s
MoveL p30，v1000\V:=2000，fine，Aw_Gun;	1000mm/s
MoveL p30，v1000\T:=5，fine，Aw_Gun;	6.25s

3．ConfJ

1）格式

ConfJ 程序格式：ConfJ [\On][\Off];

On：启动轴配置数据。

关节运动时，机器人运动到绝对 Modpos 点时，如果无法到达，程序将停止运行。

Off：轴配置默认数据。

关节运动时，机器人运动到绝对 Modpos 点时，轴配值数据默认为当前最接近值。

2）应用

对机器人运行姿态进行限制与调整，程序运行时，使机器人运行姿态得到控制，系统默认为 ConfJ \On。

3）应用示例

应用示例：

```
ConfJ \On;
ConfJ \Off;
```

4）限制

下列情形时，机器人将自动恢复为默认值：

（1）机器人冷启动；

（2）系统加载新程序；

（3）程序重置。

4．ConfL

1）格式

ConfL 程序格式：ConfL [\On][\Off];

On：启动轴配置数据。

直线运动时，机器人运动到绝对 Modpos 点时，如果无法到达，程序将停止运行。

Off：轴配置默认数据。

直线运动时，机器人运动到绝对 Modpos 点时，轴配值数据默认为当前最接近值。

2）应用

对机器人运行姿态进行限制与调整，程序运行时，使机器人运行姿态得到控制，系统默认为 ConfL \On。

3）应用示例

应用示例：

```
ConfL \On;
ConfL \Off;
```

4）限制

下列情形时，机器人将自动恢复为默认值：

（1）机器人冷启动；

（2）系统加载新程序；

（3）程序重置。

5. SingArea

1）格式

SingArea 程序格式：SingArea[\Wrist][\off]

Wrist：启用位置方向调整。

机器人运动时，为避免死机，允许位置点方向有些改变，例如：产生奇异点时。

Off：关闭位置方向调整。

机器人运动时，不允许位置点方向改变。系统默认值为 Off。

2）应用

对机器人位置点姿态改变，可避免机器人运动时出现死机的情况。但机器人运动的路径将产生不可预料的变化，姿态不能得到有效的控制，所以对于复杂姿态点使用完毕后，应立即关闭。

3）应用示例

应用示例：

```
SingArea\Wrist;
SingArea\Off;
```

4）限制

下列情形时，机器人将自动恢复为默认值：

（1）SingArea\Off;

（2）机器人冷启动；

（3）系统加载新程序；

（4）程序重置。

6. PathResol

1）格式

PathResol 程序格式：PathResol [PathSampleTime ':='] < expression (IN) of num>' ;'

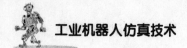

2）应用

更改机器人主机系统参数，调整机器人路径采样时间，从而达到控制机器人运行路径的效果。该指令可以提高机器人的运行精度或缩短循环时间。

路径控制默认值为 100%，调整范围为 25%～400%，路径控制百分比越小，运动精度越高，占用 CPU 资源越多。

3）应用示例

应用示例：

```
MoveJ  p10, v200, fine, Aw_Gun;
Pathresol 100;
```

在机器人临界运动状态（重载、高速、路径变化复杂的情况下，接近最大工作区域），或外轴以很低的速度与机器人联动时，增加路径控制值，可避免频繁死机。

但在机器人进行高频率摆动弧焊时，需要很高的路径采样时间，或小圆周运动、小范围复杂运动时，则要减小路径控制值。

4）限制

机器人必须在完全停止后才能更改控制值，否则，机器人将默认一个停止点，并显示错误信息 50146。机器人正在更改路径控制值时，机器人被强制停止运行，机器人将不能立即恢复正常运行。

下列情形时，机器人将自动恢复为默认值 100%：

（1）机器人冷启动；

（2）系统加载新程序；

（3）程序重置。

7. SoftAct

1）格式

SoftAct 的程序格式：SoftAct[\MechUnit，]Axis，Softness[\Ramp];

SoftAct 参数见表 3-43。

表 3-43　SoftAct 参数

项　目　名	说　　明	数据类型
MechUnit	外轴名称	Mecunit
Axis	外轴编号	Num

续表

项目名	说明	数据类型
Softness	软化值%	Num
Ramp	软件坡度%	Num

2）应用

软化机器人主机或轴伺服电机系统，软化值范围 0%～100%，软化坡度≥100%，该指令须与 SoftDeact 同时使用。软化机器人后，可用手推动机器人。

3）应用示例

应用示例：

```
SoftAct 3,  20;
```

激活软伺服机器人轴 3 柔软值 20%。

```
SoftAct 1,  90 \Ramp:=150;
```

激活柔软的软伺服机器人轴 1 值 90%，坡度系数 150%。

```
SoftAct \MechUnit:=orbit1,  1,  40 \Ramp:=120;
```

激活软伺服轴 1 的机械装置 orbit1 柔软值 40%，坡度系数 120%。

4）限制

机器人被强制停止运行后，软伺服设置自动失效，同一转动轴软化伺服不允许连续设置。

8. SoftDeact

1）格式

SoftDeact 的程序格式：SoftDeact[\Ramp];

Ramp(软化坡度) ≥100%

2）应用

使软化机器人主机或伺服系统指令 SoftAct 失效。

3）应用示例

应用示例：SoftAct 3， 20;

激活软伺服机器人轴 3 柔软值 20%。

```
SoftAct 1,  90 \Ramp:=150;
```

激活柔软的软伺服机器人轴 1 值 90%，坡度系数 150%。

```
SoftDeact\Ramp:=150;
```

使软化机器人主机或伺服系统指令 SoftAct 失效，坡度系数 150%。

3.5.4　外轴指令

外轴指令：ActUnit、DeactUnit。

1．ActUnit：外轴激活

1）格式

ActUnit 程序格式：ActUnit MecUnit;

MecUnit 外轴名（机械单元）。

2）应用

将机器人外轴激活。例如，当多个外轴共用一个驱动板时，通过该指令指定要使用的外轴。

3）应用示例

应用例子见表 3-44。

表 3-44　ActUnit

指　　令	动　　作
MoveL Target_32，v1000，z100，AW_Gun\WObj:=wobj0;	外轴不动
ActUnit STN1; MoveL Target_42，v1000，z100，AW_Gun\WObj:=wobj0;	STN1 联动
DeactUnit STN1; ActUnit STN2; MoveC Target_52，Target_62，v1000，z100，AW_Gun\WObj:=wobj0;	STN1 不动，STN2 联动

4）限制

（1）不能在指令 StorePath… … Restopath 内使用。

（2）不能在预置程序 RESTART 内使用。

（3）不能在机器人转轴处于独立状态使用。

2．DeactUnit：外轴失效

1）格式

DeactUnit 程序格式：DeactUnit MecUnit;

MecUnit 外轴名（机械单元）。

2）应用

使机器人外轴失效，例如，当多个外轴共用一个驱动板时，通过该指令使机器人当前使用的外轴失效。

3）应用示例

DeactUnit 应用示例：DeactUnit orbit_a;

orbit_a 表示机械单元停用。

4）限制

（1）不能在指令 StorePath 和 Restopath 内使用。

（2）不能在预置程序 RESTART 内使用。

3.5.5 程序停止运行指令

1. STOP

程序运行停止。

1）格式

Stop 程序格式：Stop;

2）应用

机器人停止运行，为软停止（softstop）、临时停止，可以用 Start 键启动机器人。机器人停止运行期间，如果被手动移动后，再直接启动时，机器人将警告确认路径，但如果此时使用了参变量 NoRegain，机器人将直接运行。

2. EXIT

1）格式

EXIT 程序格式：EXIT;

2）应用

机器人停止运行，为机器人软停止（softstop），并且复位整个程序运行，将程序指针（PP）移至主程序第一行。

3. Break

1）格式

Break 程序格式：Break;

2）应用

机器人在该指令行立即（临时）停止运行，用于手动调试，按下 Start 键继续。

4．Break 与 Stop 的区别

示例如下：

```
MoveL p20, v100, z5, Aw_Gun;
Stop(Break);
MoveL p30, v100, fine, Aw_Gun;
```

执行结果区别：

Break 停止在拐弯处，Stop 停止在目标点，如图 3-42 所示。

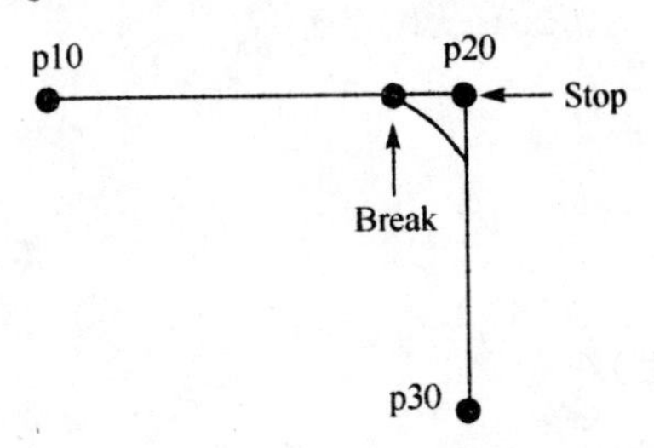

图 3-42 Beak 与 Stop 停止位的区别

5．SystemStopAction

1）格式

SystemStopAction 程序格式：SystemStopAction [\Stop] [\StopBlock] [\Halt];

2）应用

停止程序执行与机器人运动。

3）应用示例

```
SystemStopAction \Stop;
```

6．ExitCycle

1）格式

ExitCycle 程序格式：ExitCycle;

2）应用

中止当前程序运行，并使当前循环结束，将程序指针（PP）复位到主程序的第一行。

3）应用示例

```
ExitCycle;
```

3.5.6 计时器指令

1. CLkStart（启动计时器）

1）格式

ClkStart 程序格式：ClkStart clock0;

Clcock0：机器人时钟名称，数据类型：clock。

2）应用

计时器打开并开始计时。

3）应用示例

```
ClkStart clock0;
```

2. CLkStop（计时器停止）

1）格式

ClkStop 程序格式：ClkStop clock0;

Clcock0：机器人时钟名称，数据类型为 clock。

2）应用

计时器关闭并停止计时，但保持时钟数据直到被复位。

3）应用示例

```
ClkStop clock0;
```

3. CLkReSet（计时器复位）

1）格式

CLkReSet 程序格式：CLkReSet clock0;

Clcock0：机器人时钟名称，数据类型：clock。

2）应用

复位机器人时钟数据。

3）应用示例

```
CLkReSet clock0;
```

3.5.7 计数指令

1. Add（加运算指令）

1）格式

Add 程序格式：Add Name，AddValue;

Name：数据名称，类型：num。

AddValue：增加的值，类型：num。

2）应用

在一个数字型数据上增加值，可以用赋值指令替代。

3）应用示例

Add reg0，3;　　　　等价 reg0 :=reg0 +3;

Add reg0，–reg1;　　　等价 reg0 :=reg0 – reg1;

2. Incr（加 1 指令）

1）格式

Incr 程序格式：Incr Name;

Name：数据名称，类型：num。

2）应用

在一个数字型数据上增加 1，可以用赋值指令替代。

3）应用示例

Incr reg0;　　　　等价 reg0 :=reg0 +1;

3. Decr（减 1 指令）

1）格式

Decr 程序格式：Decr Name;

Name：数据名称，类型：num。

2）应用

在一个数字型数据上减去 1，可以用赋值指令替代。

3）应用示例

Decr reg0;　　　等价 reg0 :=reg0 –1;

4. Clear（清零指令）

1）格式

Clear 程序格式：Clear Name;

Name：数据名称，类型：num。

2）应用

使一个数字型数据值置 0，可以用赋值指令替代。

3）应用示例

Clear reg0;　等价 reg0 :=0;

3.5.8 数学功能

应用指令的数学功能见表 3-45。

表 3-45 数学功能

指　令	功　能
abs	取绝对值
round	四舍五入
trucn	舍位操作
sqrt	计算二次根
exp	计算指数值 e^x
pow	计算一个值的幂
cos	计算余弦值
sin	计算正弦值
tan	计算正切值
acos	计算圆弧余弦值
asin	计算圆弧正弦值
atan	计算圆弧正切值[-90，90]
atan2	计算圆弧正切值[-180，180]
eulerZYX	从姿态计算欧拉角
orientZYX	从欧拉角计算姿态

3.5.9 输入/输出指令

DI：数字输入信号。

DO：数字输出信号。

机器人数字输入/输出信号采用 24V 直流电压，只有两种状态：1（高位）或 0（低位），且必须在系统参数中定义。

1．Set

1）格式

Set 程序格式：Set Signal;

Signal：数字信号名称，类型：signalDo。

2）应用

将一个数字输出信号置 1。

3）应用示例

```
Set do1;
```

将一个数字输出信号 do1 置 1。

2．ReSet

1）格式

ReSet 程序格式：ReSet Signal;

Signal：数字信号名称，类型：signalDo。

2）应用

将一个数字输出信号置 0。

3）应用示例

```
ReSet do1;
```

3．WaitDI

1）格式

WaitDI 程序格式：WaitDI Signal Value [\MaxTime] [\TimeFlag];

Signal：数字信号名称，类型：signalDI。

MaxTime：最长等待时间，数据类型：num（数字型），单位 s。

TimeFlag：标识符，数据类型：bool（布尔量）。

2）应用

等待输入信号到达指定状态。

3）应用示例

```
WaitDI di0, 1;
WaitDI grip_status,  0;
```

如果选用了参变量 MaxTime，机器人等待超过了最长时间，机器人将停止运行，并显示相应的错误信息或进入机器人错误处理程序。

如果同时选用了两个参变量，等待超时后，无论是否满足等待条件，都将执行下一句指令。

当在最长时间内得到了正确的相应信号，则返回值 TRUE，否则为 FALSE。

4．PlusDO

1）格式

PulseDO 程序格式：PulseDO [\High] [\PLength] Signal;

Signal：数字信号名称，类型：signalDo。

PLength：参变量，脉冲时间长度(0.1～32s)，默认值：0.2s

2）应用

输出一个脉冲信号。

3）应用示例

```
PulseDO do1;
```

3.5.10　其他常用指令

1．赋值指令

1）格式

赋值指令 Data 程序格式：Data := Value;

Data：被赋值的数据，全部类型。

Value：赋给数据的值。

2）应用

给指定数据赋值。

3）应用示例

```
var Bool blOK:=TRUE;
```

2. 载荷指令

1）格式

载荷指令 GripLoad 程序格式：GripLoad Load;

Load：机器人载荷，数据类型：num(数字型)。

2）应用

设定机器人载荷。

3）应用示例

```
GripLoad Load1;
```

3. 等待时间指令

1）格式

等待时间指令 WaitTime 程序格式：WaitTime [\InPos] Time;

Time：机器人等待时间长度，单位 s，数据类型：num(数字型)。

2）应用

让机器人程序运行停顿响应的时间。

3）应用示例

```
WaitTime 0.5;
```

3.5.11 人机对话指令

1. TPWrite

1）格式

TPWrite 程序格式：TPWrite String [\Num] | [\Bool] | [\Pos] | [\Orient] | [\Dnum];

2）应用

在示教器显示屏上显示字符数据。每次写屏最多 80 个字符。

3）应用示例

```
TPWrite "Execution started";
```

2. TPErase

1）格式

TPErase 程序格式：TPErase;

2）应用

清除在示教器显示屏上显示字符数据。

3）应用示例

```
TPWrite "Execution started";
TPErase;
```

3.5.12 常用逻辑控制指令

1. IF 语句

1）IF…EndIf 语句

当条件满足时，则执行，否则，不执行，如图 3-43 左侧所示。

2）IF(条件表达式) Else(表达式 B)EndIf 语句

当条件表达式条件满足时，则执行语句 A，否则，执行执行语句 B，如图 3-43 右侧所示。

更多嵌套程序编写可参考这两个基本条件语句。IF 条件判断语适用于同级别情形较少的情况。

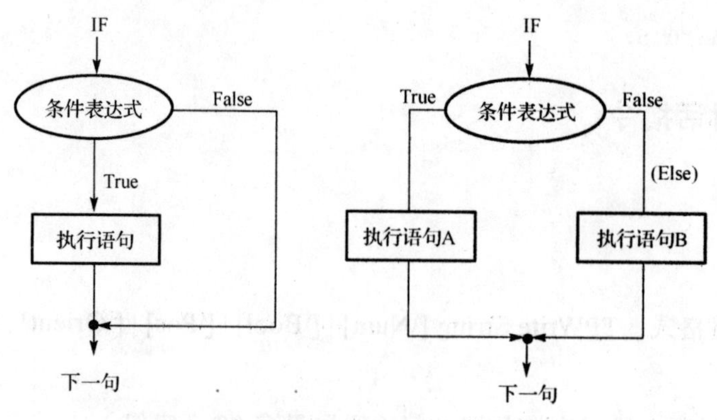

图 3-43 IF 语句

2. TEST 语句

当同级别条件情形很多时，可使用 TEST 语句。

1）格式

TEST 语句格式：TEST Test data {CASE Test value {,　Test value}…} [DEFAULT…] ENDTEST

2）应用

当多种情形之一可能成立时，使用该语句。

3）应用示例

```
TEST reg1
CASE 1, 2, 3:
    routine1;
CASE 4:
    routine2;
DEFAULT:
    TPWrite "select error";
    Stop;
ENDTEST
```

3. FOR 语句

1）格式

FOR 格式：

```
FOR 表达式 A（循环变量）FROM 表达式 B（循环起点）
    TO 表达式 C（循环终点）
    [STEP 表达式 D（步长）]
    DO
    循环体语句
ENDFOR
```

2）应用

如果表达式 A 在表达式 B 与表达式 C 之间，则按表达式 D（步长）重复执行循环体语句。

步长：循环变量每次增加的值，默认值为 1。

3）应用示例

```
FOR i FROM 1 TO 10 DO
    routine1;
ENDFOR
```

4. While 语句

先判断循环条件是否成立，再确定是否执行循环体语句。

1）格式

While 语句程序格式：

```
WHILE 条件表达式 DO
    执行循环体语句
ENDWHILE;
```

执行结构如图 3-44 所示。

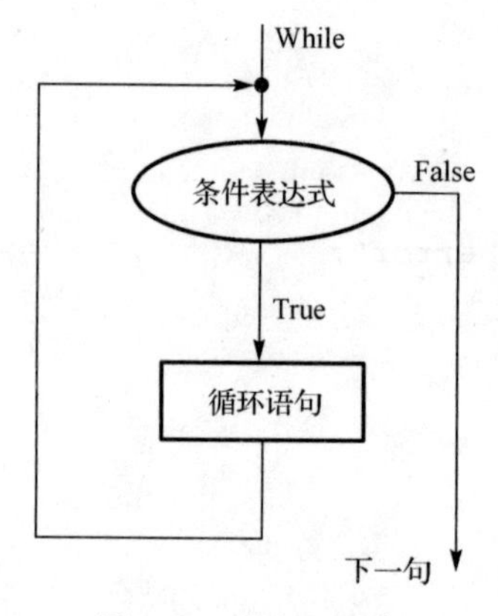

图 3-44　While 语句

2）应用

只在条件满足，就一直执行。

3）应用示例

```
WHILE reg1<reg2 DO
    …
reg1:=reg1+1;
ENDWHILE
```

3.5.13　例行程序调用指令

1. ProcCall

1）格式

例行程序调用指令程序格式：Procedure { Argument }

Procedure：例行程序名。

Argument：例行程序参数。

2）应用

例行程序调用，同时给带有参数的例行程序中的相应参数赋值。

3）应用示例

应用示例 1：

weldpipe1; 调用程序名为“weldpipe1”的例行程序。

应用示例 2：

```
errormessage;
Set do1;
…
PROC errormessage()
    TPWrite "ERROR";
ENDPROC
```

2．CallByVar

1）格式

CallByVar 程序格式：CallByVar Name Number

其中，Name：例行程序名第一部分，字符型（string）。

Number：例行程序第二部分，数字型（num）。

2）应用

通过指定相应的数据，调用对应的例行程序，但无法调用带有参数的例行参数。

3）应用示例：

```
reg1 := 2;
CallByVar "proc", reg1;
```

本例中，proc2 被调用。

3．中断程序

1）定义

用于专门处理紧急情况的程序称为中断程序。

2）启用环境

程序执行过程中，发生紧急情况，机器人需要暂停原程序进行处理中断程序。

3）原理

发生紧急情况时，机器人程序指针 PP 跳出原执行程序，转而执行中断程序，事件处理完成后，PP 再回到原程序暂停处继续执行。

4）用途

常用于出错处理、外部信号响应等。

5）应用示例

利用信号 di01 进行实时监控为例：

（1）在正常情况下，di01 的信号为 0。

（2）当 di01 的信号从 0 变成 1，就对 reg1 数据进行加 1 的操作。

任务实施

本节任务实施见表 3-46 和表 3-47。

表 3-46　程序指令任务书

姓　名		任务名称	程序指令
指导教师		同组人员	
计划用时		实施地点	
时　间		备　注	
任 务 内 容			
1. 掌握基本运动指令的用法。 2. 掌握函数用法。 3. 掌握运动控制指令的用法。 4. 了解外轴指令的用法。			
考核项目	描述基本运动指令有哪些，并写出相应的指令格式		
	描述两个偏移函数的用法		
	描述运动控制指令有哪些，并写出相应的指令格式		
	描述外轴指令有哪些，并写出相应的指令格式		

资　料	工　具	设　备
教材		计算机

表 3-47　程序指令任务完成报告

姓　名		任务名称	程序指令
班　级		同组人员	
完成日期		实施地点	

1．选择题

（1）机器人置位输出信号，常用哪条指令？（　　）

A. Set

B. SetOn

C. On

（2）程序编辑器中对 RAPID 指令进行了分类，下列哪一类指令是专门用于控制机器人运动的？（　　）

A. Common

B. Motion&Proc

C. I/O

（3）对 nCount 执行计数加 1 的操作，下列写法正确的是？（　　）

A. nCount:=1;

B. nCount:=nCount+1;

C. Decr nCount

2．操作题

运用程序指令，完成图 3-45 所示轨迹的程序编写。

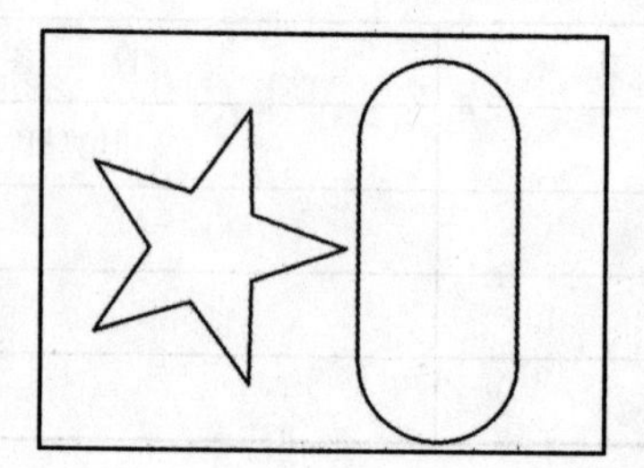

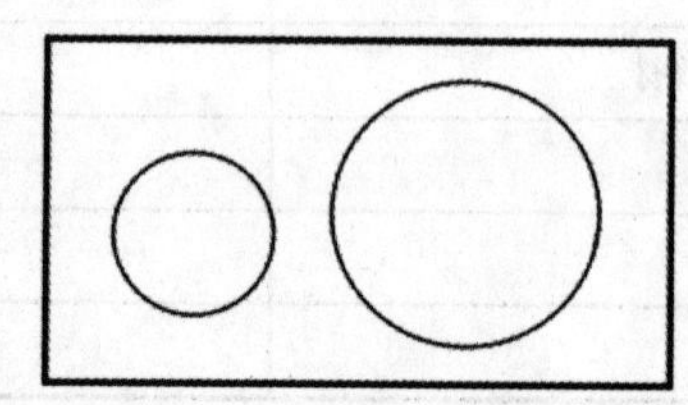

图 3-45　图形轨迹

任务评价

本章任务评价见表 3-48。

表 3-48　任务评价表

任务名称	RAPID 编程		
姓　　名		学　　号	
任务时间		实施地点	
组　　号		指导教师	
小组成员			

检查内容					
评价项目	评价内容		配分	评价结果	
				自评	教师
资讯	1．明确任务学习目标		5		
	2．查阅相关学习资料		10		
计划	1．分配工作小组		3		
	2．小组讨论考虑安全、环保、成本等因素，制订学习计划		7		
	3．教师是否已对计划进行指导		5		
实施	准备工作	1．掌握基本 PAPID 编程的方法	5		
		2．掌握手动编程方法	5		
		3．掌握离线编程方法	5		
		4．了解仿真功能的运用方法	5		
		5．掌握程序数据的创建方法	5		
		6．掌握程序指令的运用方法	5		
	技能训练	1．能够运用程序结构、程序数据、表达式、流程指令、输入输出信号等完成基本 RAPID 编程	7		
		2．能够运用 RibotStudio 软件中的移动指令模板完成手动编程	7		
		3．能够熟练操作仿真的基本功能	8		
		4．能够创建程序数据和运用程序指令	8		
安全操作与环保	1．工装整洁		2		
	2．遵守劳动纪律，注意培养一丝不苟的敬业精神		3		
	3．严格遵守本专业操作规程，符合安全文明生产要求		5		
总结	你在本次任务中有什么收获：				
	反思本次学习的不足，请说说下次如何改进。				
综合评价（教师填写）					

第4章

RAPID 高级应用

RAPID 语言类似于高级语言编程。RobotStudio 软件为机器人从方案到实际现场布置过程提供了解决方案。为了进一步模拟真实机器人和满足用户更高的需求，RobotStudio 软件提供了更高级的应用。

本章介绍 ScreenMaker、事件管理器、创建事件管理、事件管理器测试及运用 Smart 组件搬运物体。

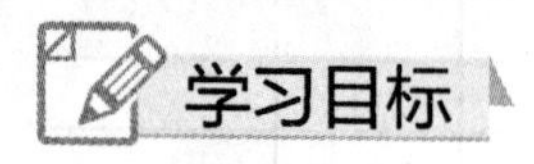

知识目标

（1）掌握 ScreenMaker 的功能和使用方法；

（2）掌握事件管理器；

（3）掌握创建事件管理的方法；

（4）掌握事件管理器测试；

（5）掌握运用 Smart 组件搬运物体的方法。

技能目标

（1）能获取 FlexPendant SDK 资源并使用；

（2）能掌握事件管理器窗口中的各个界面；

（3）能掌握创建机械装置、设定 I/O 信号以及创建新事件的方法。

（4）能熟练 Smart 组件术语，会灵活创建和调用 Smart 组件。

（5）能掌握如何运用 Smart 组件搬运物体。

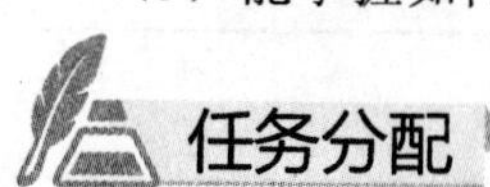

4.1　ScreenMaker

4.2　事件管理器

4.3 创建事件管理
4.4 事件管理器测试
4.5 运用 Smart 组件搬运物体

4.1 ScreenMaker

ScreenMaker 是用来创建用户自定义界面的 RobotStudio 工具。使用自定义的操作员界面在工厂实地能简化对机器人系统操作。本节介绍 FlexPendant SDK 资源和 FlexPendant SDK 使用。

知识准备

在 RobotStudio 软件中创建自定义示教器图形用户操作界面，将机器人的操作界面（如 I/O 信息、Rapid 程序调用与选择、变量管理、写入操作等）显示在示教器屏上，直观而且简化了机器人操作。

ScreenMaker 功能要求 RobotStudio 软件必须具备下面两个条件：

（1）安装 FlexPendant SDK 组件；

（2）安装 617-1 FlexPendant Interface 通信组件，在机器人系统的硬件配置中加入如图 4-1 所示的硬件通信组件。

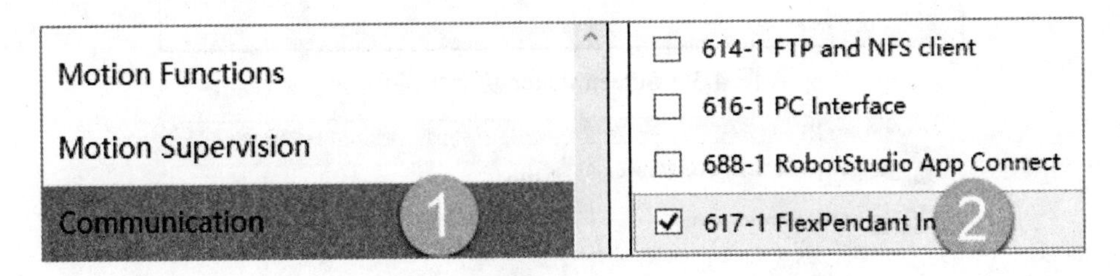

图 4-1 通信配置

4.1.1 FlexPendant SDK 资源

获得最新的 ScreenMaker 功能组件，需从 ABB 官方网站 http://developercenter.robot-studio.com/Downloads 中下载 FlexPendant SDK。

4.1.2 FlexPendant SDK 使用

打开 32 位的 RobotStudio 软件，选择“控制器”菜单中“示教器”→“ScreenMaker”，如图 4-2～4-4 所示。ScreenMaker 开发窗口功能说明见表 4-1。

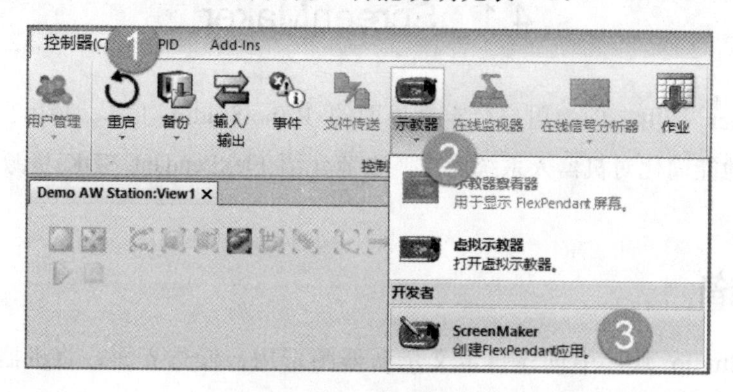

图 4-2　ScreenMaker 菜单

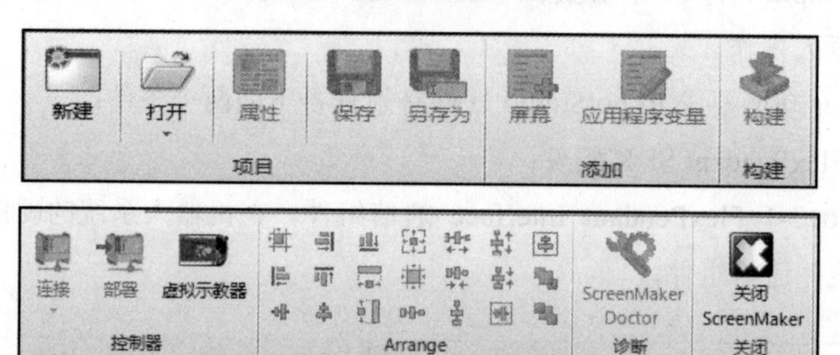

图 4-3　ScreenMaker 功能组菜单

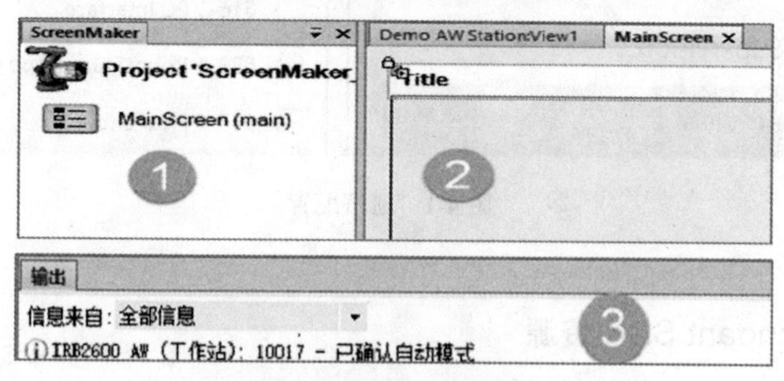

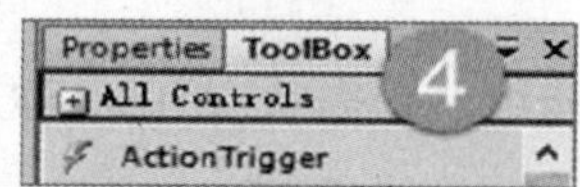

图 4-4　ScreenMaker 开发窗口

表 4-1 ScreenMaker 开发窗口功能说明

标 注	部 件	描 述
1	管理项目	显示当前激活的屏幕工程和工程内屏幕列表
2	工作区	使用可用控件设计屏幕的工作区域
3	事件信息	显示在使用 ScreenMaker 工作时发生的事件信息
4	工具/属性	显示可用控件的列表。 显示当前所选的控件的属性和事件信息。属性值可以为定值、IRC 数据链接或应用程序变量

1. 新建主屏幕

（1）单击工具栏左上角的“新建”，如图 4-5 所示。

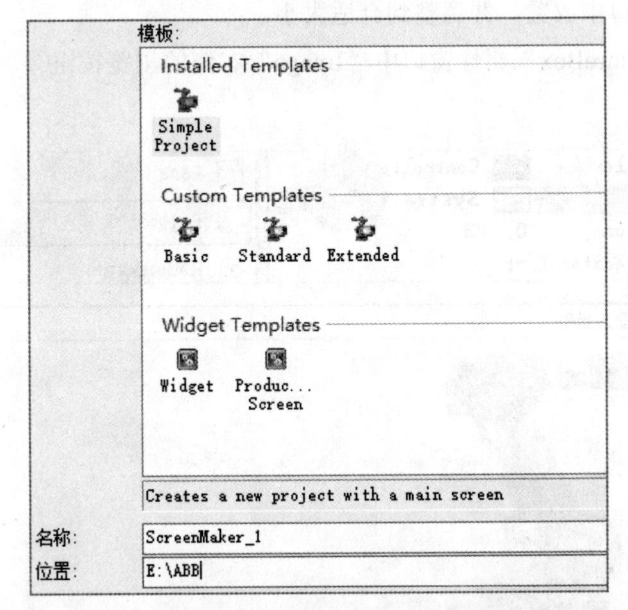

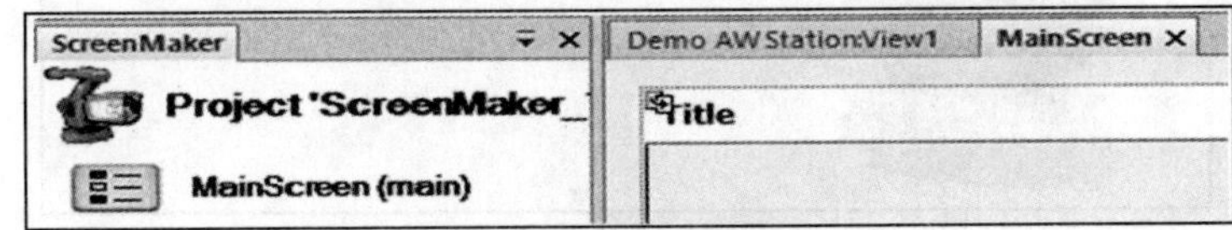

图 4-5 新建对话框

（2）单击“用户界面”，选择“属性”。

（3）在属性栏“Text”中修改显示的文件（如“机器人操作”），如图 4-6 所示。以同样的方法修改背景颜色。

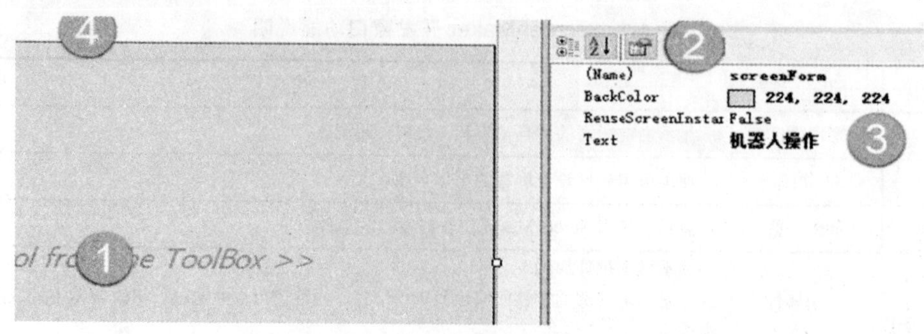

图 4-6　修改屏幕显示标题

（4）示教器屏幕上放置一张图片。在右侧工具箱中，选择“PictureBox”控件，在图形界面的示教器窗口中放置，并调整到合适大小。

（5）单击“PictureBox”属性窗口中“Image”右侧的浏览按钮②，选择一张图片，如图 4-7 所示。

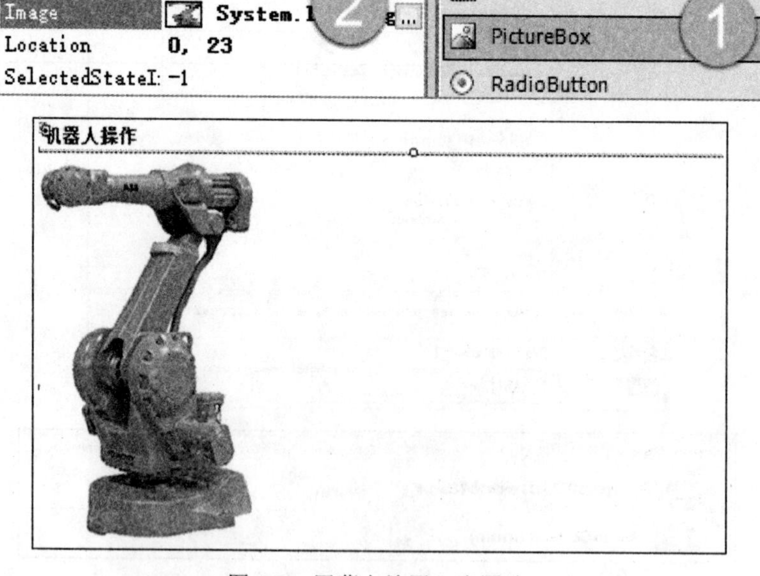

图 4-7　屏幕上放置一张图片

2. 添加新屏幕

（1）单击“屏幕”，添加一个屏幕，如图 4-8 所示。

（2）在“添加一个屏幕”对话框中输入名称，单击“确定”。

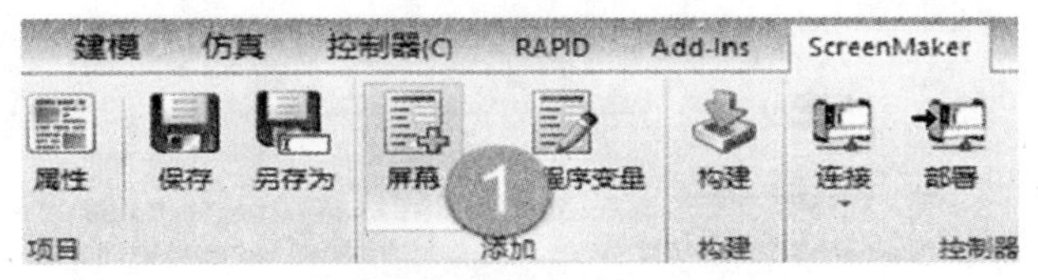

图 4-8　添加一个屏幕

（3）在屏幕界面存放窗口中自动加入了刚添加的屏幕对象，单击可在多个对象间切换显示，如图 4-9 所示。

图 4-9　屏幕界面存放窗口

（4）给主屏幕加上一个按钮。单击工具箱中的“Button”控件，并放置在屏幕中，在“button1”属性窗口中自定义 Name 及 Text 属性，如图 4-10 所示。

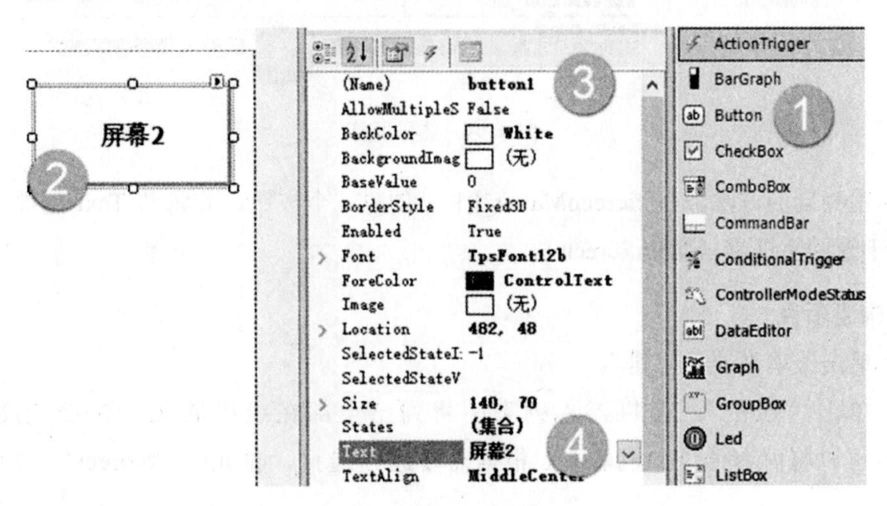

图 4-10　添加按钮

（5）增加按钮事件。单击按钮右上角的小三角形，打开 Button 任务，选择动作，如图 4-11 所示。

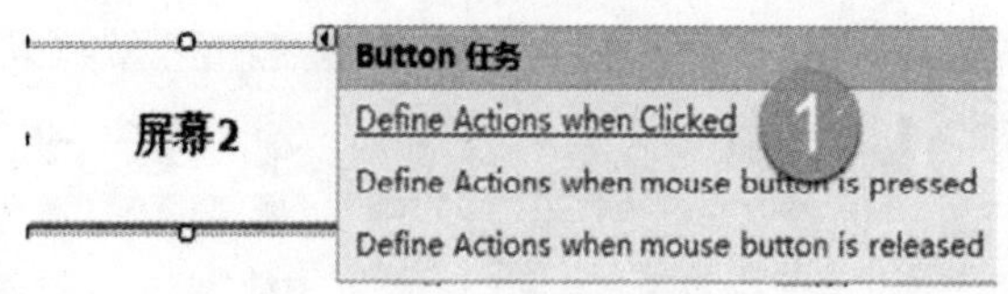

图 4-11　按钮事件

（6）在弹出的事件对话框中，单击右侧的“添加动作”，选择“屏幕”，单击“打开屏幕”，选择屏幕，如图 4-12～图 4-13 所示。

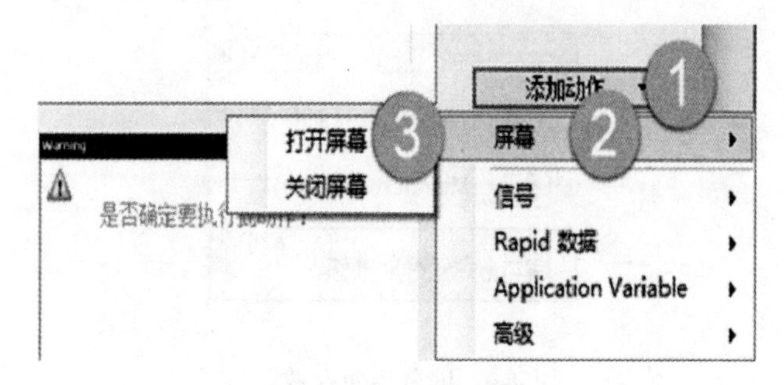

图 4-12　打开屏幕

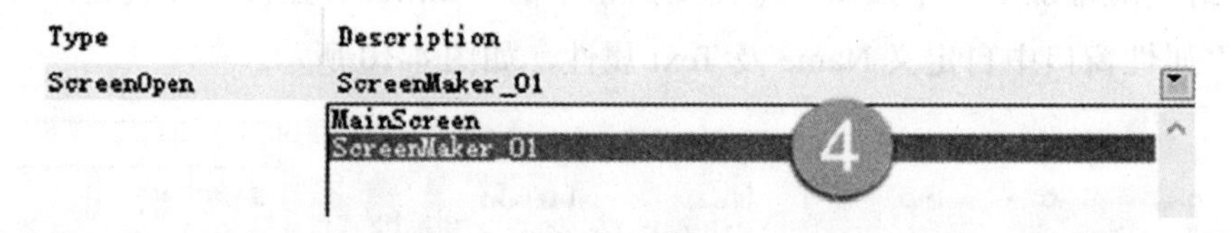

图 4-13　选择屏幕

（7）用相同的方法，在 ScreenMaker_01 上创建一个按钮，并将其 Text 属性改为“主页”，用于返回主屏幕（MainScreen）。

3. 构建项目

（1）单击菜单中的“构建”。

（2）单击“连接”，在机器人列表中将列出全部在线机器人。如果连接到真实机器人，可以将内容传送到机器人。根据需要进行选择，单击“Connect”，如图 4-14 所示。

（3）单击“部署”。

（4）选择“控制器”菜单，热启动控制器。

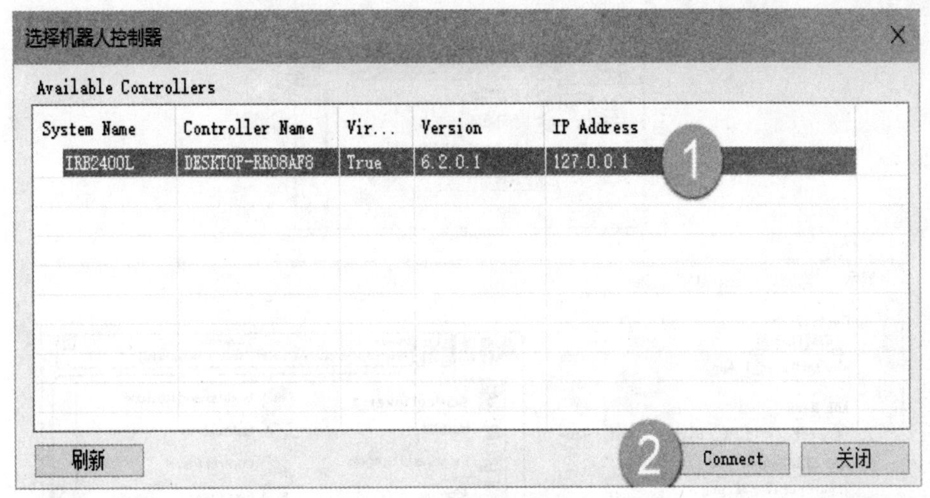

图 4-14 机器人列表

4. 打开项目

打开示教器，查看生成的屏幕①，选择该项即可看到新建的屏幕，如图 4-15 所示。

图 4-15 新生成的菜单项

5. 修改显示标题

（1）在 ScreenMaker 中选择“属性”，在弹出的对话框中选择“显示”，修改应用程序标题及其他信息，如图 4-16 所示。

（2）重新选择“构建”→“部署”，热启动控制器。

6. 关联 I/O

（1）参考前面的步骤，在屏幕中放置一个“Led”，关联机器人系统中已定义好的信号，如图 4-17～图 4-19 所示。

（2）选择绑定对象类型，操作顺序参照图中序号，如图 4-18 所示。

（3）利用示教器进行仿真测试，如图 4-19 所示。

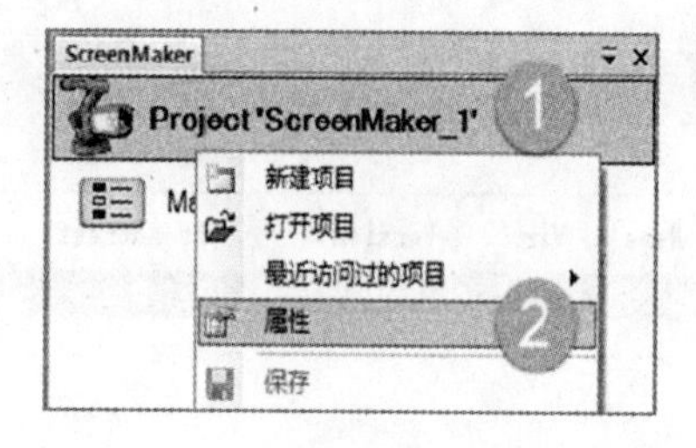

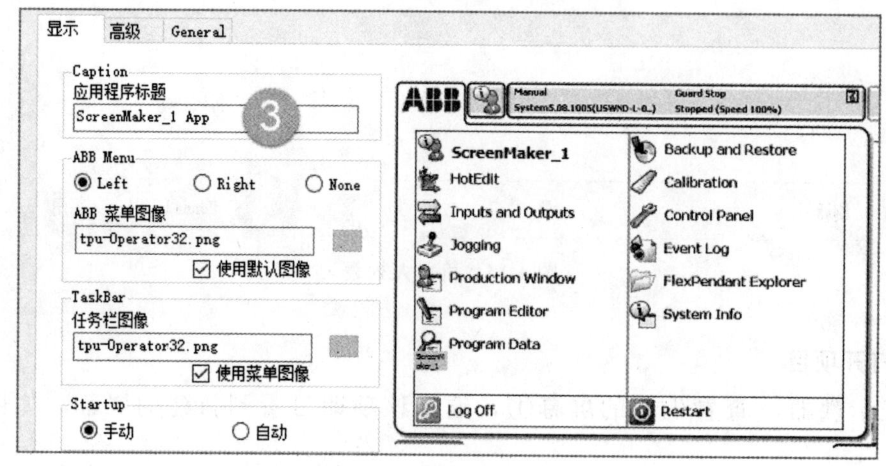

图 4-16 修改显示标题

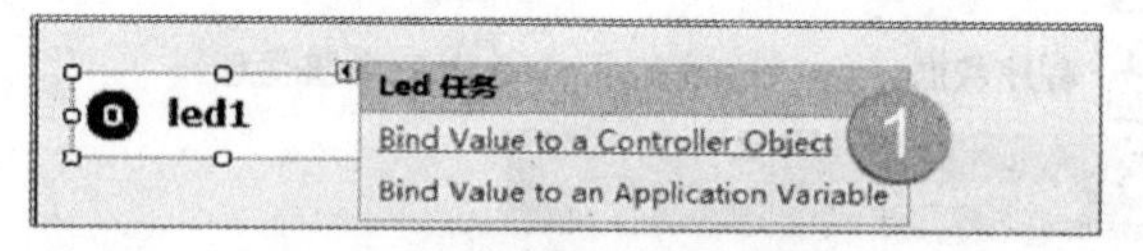

图 4-17 绑定一个对象

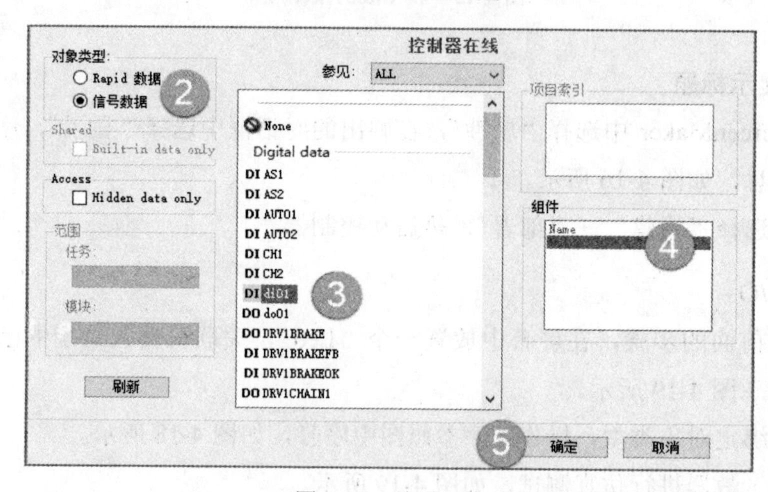

图 4-18 关联 I/O

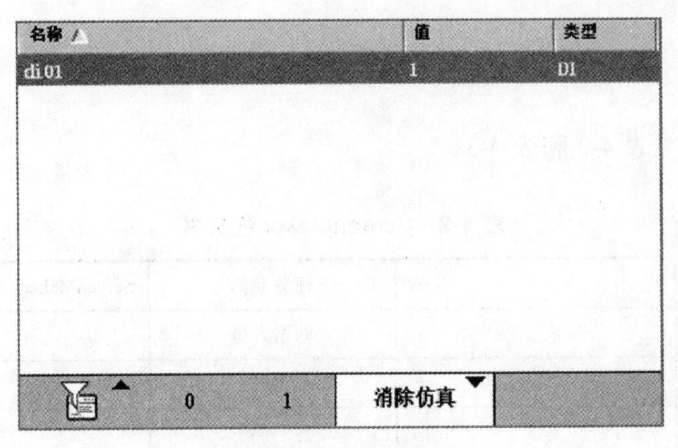

图 4-19　示教器仿真

用同样的方法对其他元素进行绑定操作。

注意：绑定程序数据时，数据存储类型必须为可变量（PERS）。在更改屏幕元素后，必须重新构建、部署及热启动控制器才有效。

任务实施

本节任务实施见表 4-2 和表 4-3。

表 4-2　ScreenMaker 任务书

姓　　名		任务名称	ScreenMaker
指导教师		同组人员	
计划用时		实施地点	
时　　间		备　　注	

任 务 内 容
1．掌握 FlexPendant SDK 资源的获取。 2．掌握 FlexPendant SDK 资源的使用。

考核项目	描述 FlexPendant SDK 资源的获取方法
	描述 FlexPendant SDK 资源如何使用

资　　料	工　　具	设　　备
教材		计算机

表 4-3 ScreenMaker 任务完成报告

姓　　名		任务名称	ScreenMaker
班　　级		同组人员	
完成日期		实施地点	

操作题

导入机器人 IRB120_3_58__01，从布局中添加机器人系统，包含功能选项（中文 Chinese、709-1DeviceNet Master/Slave、617-1 FlexPendant Interface）。添加数字输入信号 di1，使用 ScreenMaker 创建一个项目“ScreenMaker”，该项目通过添加两个按钮事件使两个屏幕之间可以进行切换，另外添加一个“Led”，使其关联机器人系统中已定义好的数字输出信号 do1，如图 4-20～4-22 所示。

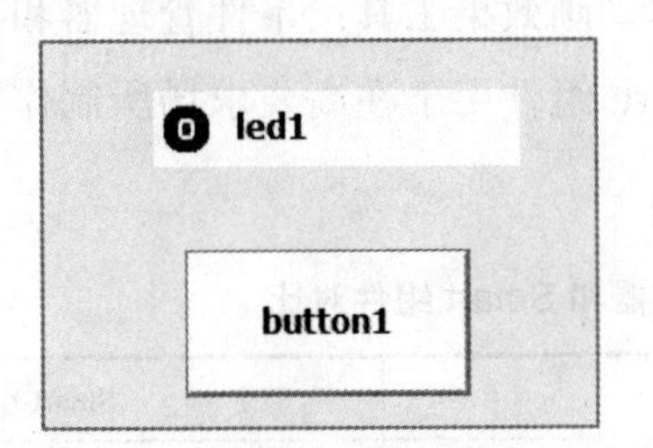

图 4-20 屏幕 1

图 4-21 屏幕 2

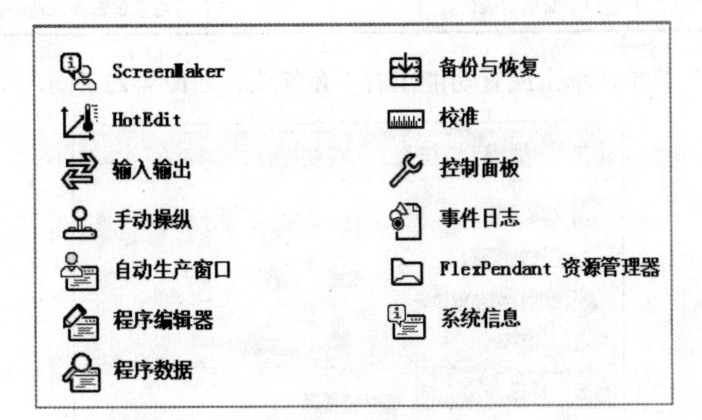

图 4-22 ScreenMake 界面

4.2 事件管理器

本节介绍事件管理器窗口。

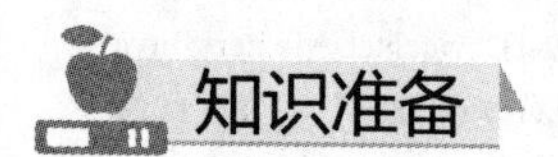

知识准备

在 RobotStudio 6.03 软件中有两种制作动画效果工具：事件管理器和 Smart 组件。事件管理器适用于效果要求简单的场景，Smart 组件用于在高要求场所制作更复杂的动画效果，见表 4-4。

表 4-4 事件管理器和 Smart 组件对比

	事件管理器	Smart 组件
使用难度	简单	复杂
主要用途	适用于简单动画仿真	适用于逻辑控制动画仿真

选择“仿真”菜单，单击配置功能组右下角箭头，如图 4-23 所示。

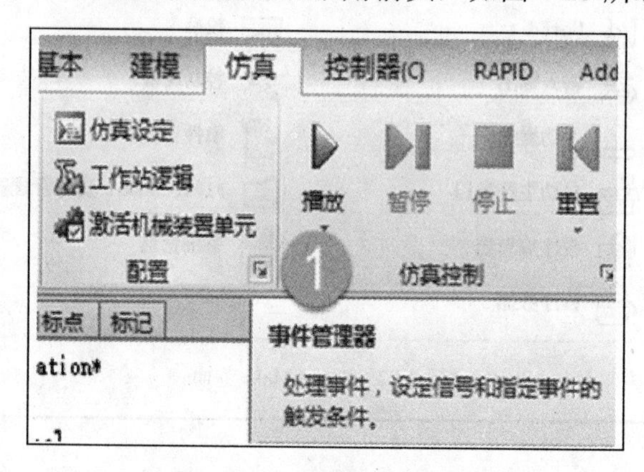

图 4-23 事件管理器按钮

1. 事件管理器界面

如图 4-24 所示为事件管理器窗口，表 4-5 为事件管理器窗口描述。

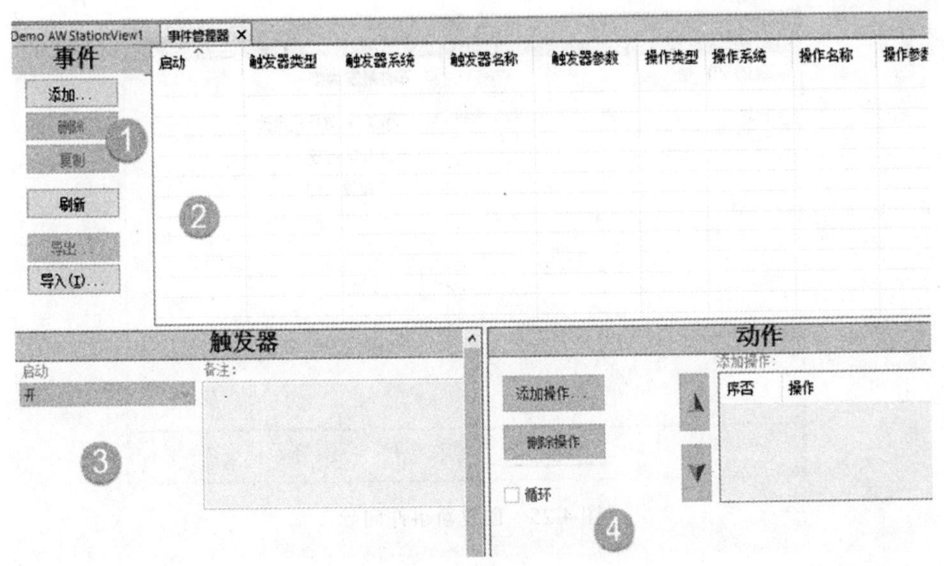

图 4-24　事件管理器窗口

表 4-5　事件管理器窗口描述

部　件	描　述
任务窗格	新建事件，或者对在事件网格中选择的现有事件进行复制或删除
事件网格	显示工作站中的所有事件。在此选择事件进行编辑、复制或删除
触发编辑器	在触发编辑器中，可以设置触发器的属性。在该编辑器的上面部分是所有类型的触发器共有的，而下面部分适合现在的触发器类型
动作编辑器	在动作编辑器中，可以设置事件动作的属性。在该编辑器中，上面部分是所有的动作类型共有的，而下面部分适合选定动作

2．任务窗格部分

如图 4-25 为事件管理器窗口，表 4-6 为任务窗口描述。

表 4-6　任务窗口描述

部　件	描　述
添加	启动创建新事件向导
删除	删除在事件网格中选中的事件
复制	复制在事件网格中选中的事件
刷新	刷新事件管理器

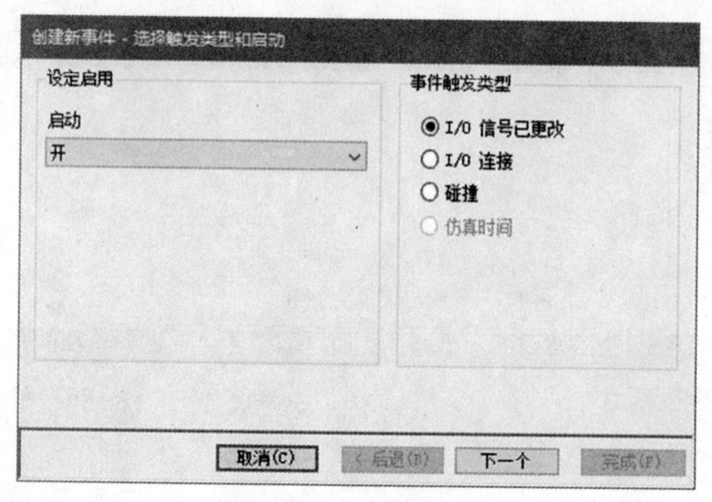

图 4-25　创建新事件向导

3．事件网格部分

在事件网格中，每行均为一个事件，而网格中的各列显示的是其属性。常见事件网络见表 4-7。

表 4-7　事件网格

事件网格名称	描　述
启用	显示事件是否处于活动状态。 打开：动作始终在触发事件发生时执行。 关闭：动作在触发事件发生时不执行。 仿真：只有触发事件在运行模拟时发生，动作才会执行
触发器类型	显示触发动作的条件类型。 I/O 信号变化：更改数字 I/O 信号。 I/O 连接：模拟可编程逻辑控制器（PLC）的行为。 碰撞：碰撞集中对象间碰撞开始或结束，或差点撞上。 仿真时间：设置激活的时间。 注意： 仿真时间按钮在激活仿真时启用。 触发器类型不能在触发编辑器中更改。如果需要当前触发器类型之外的触发器类型，创建全新的事件
触发器系统	如果触发器类型是 I/O 信号触发器，此列显示给用作触发器的信号所属的系统。 连字符（-）表示虚拟信号
触发器名称	用作触发的信号或碰撞集的名称

续表

事件网格名称	描 述
触发器参数	将显示发生触发依据的事件条件。 0：用作触发切换至 False 的 I/O 信号。 1：用作触发切换至 True 的 I/O 信号。 已开始：在碰撞集中的一个碰撞开始，用作触发事件。 已结束：在碰撞集中的一个碰撞结束，用作触发事件。 接近丢失已开始：在碰撞集中的一个差点撞上事件开始，用作触发事件。 接近丢失已结束：在碰撞集中的一个差点撞上事件结束，用作触发事件
操作类型	显示与触发器一同出现的动作类型。 I/O 信号动作：更改数字输入或输出信号的值。 连接对象：将一个对象连接到另一个对象。 分离对象：将一个对象从另一个对象上分离。 打开/关闭仿真监视器：切换特定机械装置的仿真监视器。 打开/关闭计时器：切换过程计时器。 将机械装置移至姿态：将选定机械装置移至预定姿态，然后发送工作站信号。启动或停止过程计时器。 移动图形对象：将图形对象移至新位置和新方位。 显示/隐藏图形对象：显示或隐藏图形对象。 保持不变：无任何动作发生。 多个：事件同时触发多个动作，或在每次启用触发时只触发一个动作。每个动作均可在动作编辑器中查看
操作系统	如果动作类型是更改 I/O，此列会显示要更改的信号所属的系统。 连字符（-）表示虚拟信号
操作名称	如果动作类型是更改 I/O，将会显示要更改的信号的名称
操作参数	显示动作发生后的条件。 0：I/O 信号将设置为 False。 1：I/O 信号将设置为 True。 打开：打开过程计时器。 关闭：关闭过程计时器。 Object1 -> Object2：当动作类型是连接目标时显示另一个对象将连接至哪一个对象。 Object1 -< Object2：当动作类型是分离目标时显示另一个对象将从哪一个对象分离。 已结束：在碰撞集中的一个碰撞结束，用作触发事件。 接近丢失已开始：在碰撞集中的一个差点撞上事件开始，用作触发事件。 接近丢失已结束：在碰撞集中的一个差点撞上事件结束，用作触发事件。 多个：表示多个动作
时间	显示事件触发得以执行的时间

4．触发编辑器部分

1）触发公用部分

触发器公用部分见表 4-8。

表 4-8　触发器公用部分

部　件	描　述
启用	将设置事件是否处于活动状态。 打开：动作始终在触发事件发生时执行。 关闭：动作在触发事件发生时不执行。 仿真：只有触发事件在运行模拟时发生，动作才得以执行
备注	关于事件的备注和注释文本框

2）I/O 信号触发器部分

I/O 信号触发器部分见表 4-9。

表 4-9　I/O 信号触发器部分

部　件	描　述
活动控制器	选择 I/O 要用作触发器时所属的系统
Signals	显示可用作触发器的所有信号
触发条件	对于数字信号，请设置事件是否将在信号被设为 True 或 False 时触发。 对于只能用于工作站信号的模拟信号，事件将在以下任何条件下触发：大于、大于/等于、小于、小于/等于、等于、不等于

3）I/O 连接触发器的部分

I/O 连接触发器的部分见表 4-10。

表 4-10　I/O 连接触发器的部分

部　件	描　述
Add	打开一个对话框，在其中将触发器信号添加至触发器信号窗格
移除	删除所选的触发器信号
Add >	打开一个对话框，在其中将运算符添加至连接窗格
移除	删除选定的运算符
延迟	指定延迟（以秒为单位）

4）碰撞触发器的部分

关于碰撞触发器的部分见表 4-11。

5．动作编辑器部分

在动作编辑器中，可以设置事件动作的属性。在该编辑器中，上面部分是所有的动作类型共有的，而下面部分适合选定动作。

表 4-11 关于碰撞触发器的部分

部件	描述
碰撞类型	设置要用作触发器的碰撞种类。 已开始：碰撞开始时触发。 已结束：碰撞结束时触发。 接近丢失已开始：差点撞上事件开始时触发。 接近丢失已结束：差点撞上事件结束时触发
碰撞集	选择用作触发器的碰撞集

1）所有动作的通用部分

所有动作的通用部分见表 4-12。

表 4-12 所有动作的通用部分

部件	描述
添加动作	添加触发条件满足时所发生的新动作。可以添加同时得以执行的若干不同动作，也可以在每一次事件触发时添加一个动作。以下动作类型可用。 更改 I/O：更改数字输入或输出信号的值。 连接对象：将一个对象连接到另一个对象。 分离对象：将一个对象从另一个对象上分离。 打开/关闭计时器：启用或停用过程计时器。 保持不变：无任何动作发生（可能对操纵动作序列有用）
删除动作	删除已添加动作列表中选定的动作
循环	选中此复选框后，只要发生触发，就会执行相应的动作。执行完列表中的所有操作之后，事件将从列表中的第一个动作重新开始。 清除此复选框后，每次触发发生时会同时执行所有动作
已添加动作	按事件的动作将被执行的顺序，列出所有动作
箭头	重新调整动作的执行顺序

2）I/O 动作的部分

关于 I/O 动作的部分见表 4-13。

表 4-13 关于 I/O 动作的部分

部件	描述
活动控制器	显示工作站中的所有系统。选择要更改的 I/O 归属与何种系统
Signals	显示所有可以设置的信号
操作	设置事件是否应将信号设置为 True 或 False。 如果动作与 I/O 接口相连，此组将不可用

3）连接动作的特定部分

关于连接动作的特定部分见表 4-14。

表 4-14　关于连接动作的特定部分

部　件	描　述
连接对象	选择工作站中要连接的对象
连接	选择工作站中要连接到的对象
更新位置/保持位置	更新位置 = 连接时将连接对象移至其他对象的连接点。对机械装置来说，连接点是 TCP 或凸缘，而对于其他对象来说，连接点就是本地原点。 保持位置 = 连接时保持对象要连接的当前位置
法兰编号	如果对象所要连接的机械装置拥有多个法兰（添加附件的点），选择一个要使用的法兰
偏移位置	如有需要，连接时可指定对象间的位置偏移
偏移方向	如有需要，连接时可指定对象间的方向偏移

4）分离动作的特定部分

关于分离动作的特定部分见表 4-15。

表 4-15　关于分离动作的特定部分

部　件	描　述
分离对象	选择工作站中要分离的对象
分离于	选择工作站中要从其上分离附件的对象

5）打开/关闭仿真监视器动作的特定部分

关于打开/关闭仿真监视器动作的特定部分见表 4-16。

表 4-16　关于打开/关闭仿真监视器动作的特定部分

部　件	描　述
机械装置	选择机械装置
打开/关闭仿真监视器	设置是要开始执行动作还是要停止仿真监视器功能

6）计时器动作打开/关闭的特定部分

关于计时器动作打开/关闭的特定部分见表 4-17。

表 4-17　关于计时器动作打开/关闭的特定部分

部　件	描　述
打开/关闭计时器	设置动作是否应开始或停止过程计时器

7）机械装置移至姿态的动作部分

关于将机械装置移至姿态的动作部分见表 4-18。

表 4-18 关于将机械装置移至姿态的动作部分

部　件	描　述
机械装置	选择机械装置
姿态	在 SyncPose 和 HomePose 之间选择
在达到姿态时要设置的工作站信号	列出机械装置伸展到其姿态之后发送的工作站信号
添加数字	单击该按钮可向网格中添加数字信号
移除	单击该按钮可从网格中删除数字信号

8）移动图形对象动作的特定部分

关于移动图形对象动作的特定部分见表 4-19。

表 4-19 关于移动图形对象动作的特定部分

部　件	描　述
要移动的图形对象	选择工作站中要移动的图形对象
新位置	设置对象的新位置
新方向	设置对象的新方向

9）显示/隐藏图形对象动作的部分

关于显示/隐藏图形对象动作的部分见表 4-20。

表 4-20 关于显示/隐藏图形对象动作的部分

部　件	描　述
图形对象	选择工作站内的图形对象
显示/隐藏	设置显示对象还是隐藏对象

任务实施

本节任务实施见表 4-21 和表 4-22。

表 4-21　事件管理器任务书

姓　名		任务名称	事件管理器
指导教师		同组人员	
计划用时		实施地点	
时　间		备　注	
任务内容			
事件管理器窗口。			
考核项目	描述事件管理器窗口有哪几部分		
资　料	工　具	设　备	
教材			

表 4-22 事件管理器完成报告

姓　　名		任务名称	事件管理器
班　　级		同组人员	
完成日期		实施地点	

1．事件管理器窗口有哪几部分，有何作用？

2．触发器类型有哪些？

4.3 创建事件管理

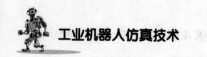

本节介绍如何创建事件管理，其中包括创建机械装置、设置 I/O 信号及创建新的事件。

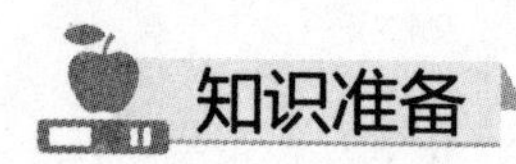

4.3.1 创建机械装置

创建 IRB4600 机器人工作站，如图 4-26 所示。利用事件管理器，通过（虚拟）I/O 信号控制机械装置上下移动到两个不同的姿态，如图 4-27 所示。

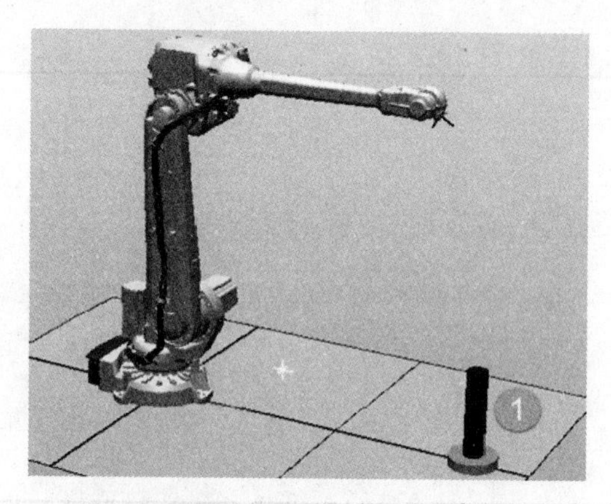

图 4-26 创建 IRB4600 机器人工作站

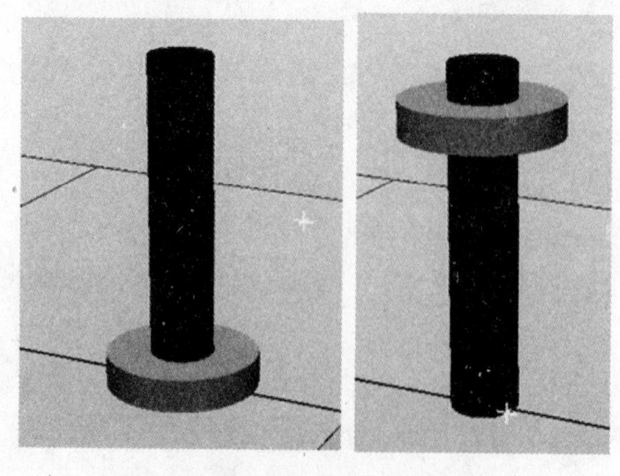

图 4-27 机械装置的两种姿态

机械装置创建具体步骤如图 4-28～图 4-29 所示。

1）添加机械装置中的两个部件：滑台和滑块。

（1）在“建模”选项卡中，单击“固体”，选择“圆柱体”，圆柱体的参数设置如图 4-28 所示。

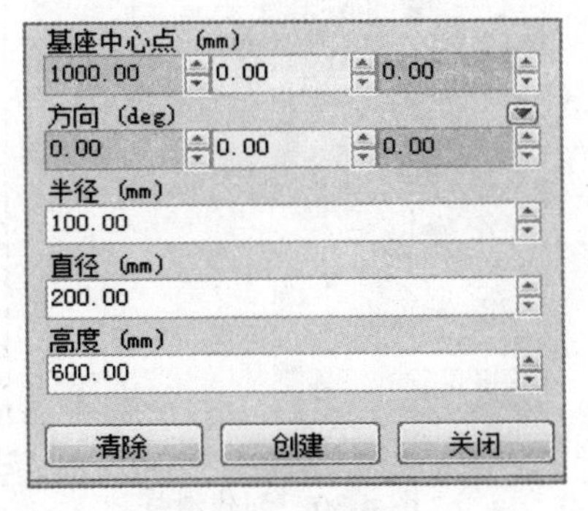

图 4-28　创建滑环

（2）右击“圆柱体”，在弹出的菜单中选择“修改（M）”→“设定颜色”，选择蓝色后，单击“确定”，如图 4-29 所示。

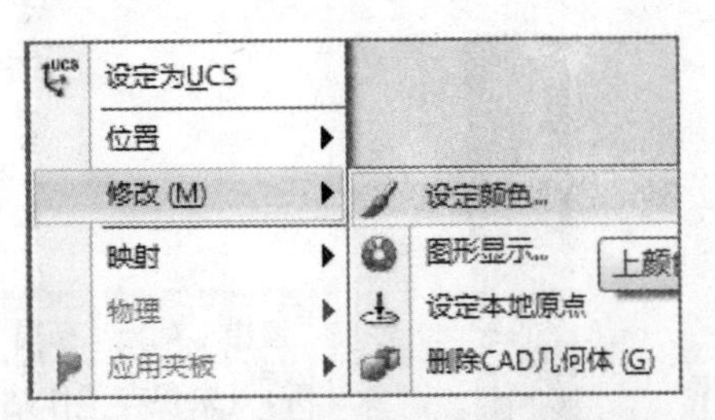

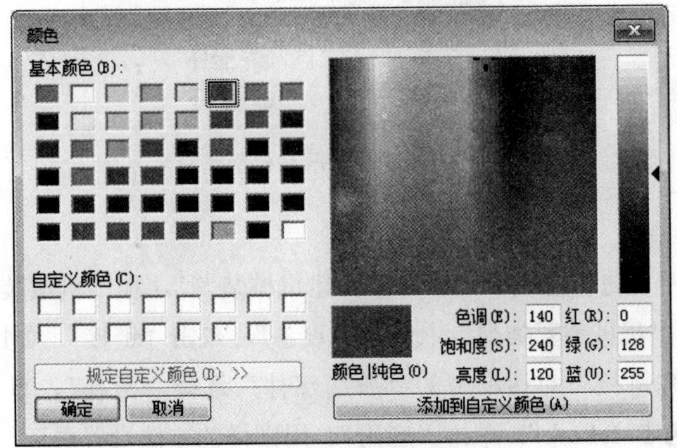

图 4-29　修改颜色

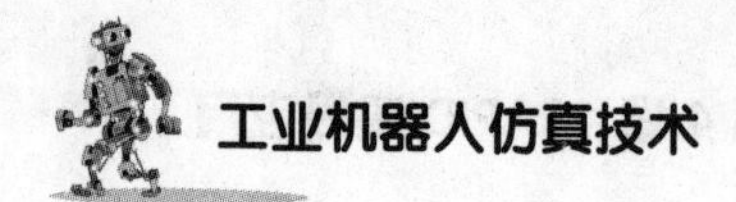

（3）在“建模”选项卡中，单击“固体”，选择“圆柱体”，按圆柱体的参数设置如图 4-30 所示，单击“创建”。

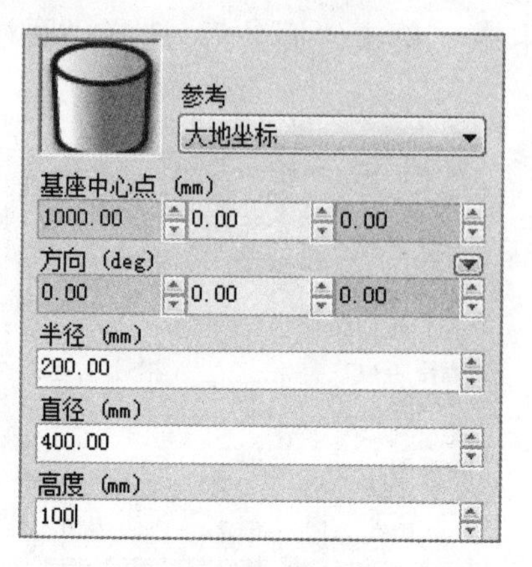

图 4-30　创建滑杆

（4）修改圆柱体的颜色为绿色，并对两个模型分别命名为“滑环”和“滑杆”，如图 4-31 所示。

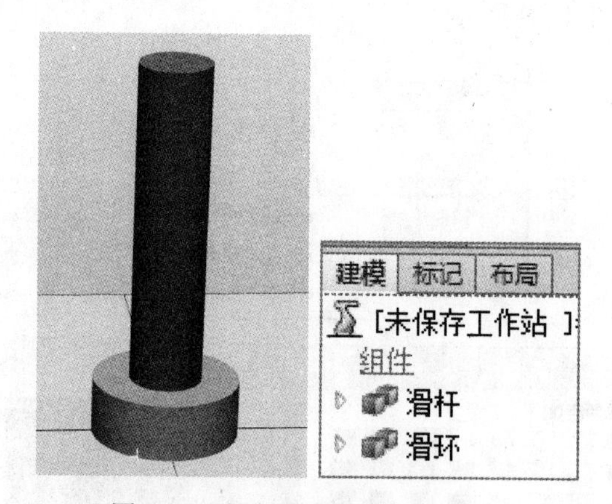

图 4-31　颜色修改和模型重命名

2）创建机械装置

（1）在“建模”功能选项卡中单击“创建机械装置”，在“机械装置模型名称”中输入“postion”，在“机械装置类型”中选择“设备”，双击“链接”，如图 4-32 所示。

（2）在“创建链接”对话框中的“所选部件”选择“滑杆”，单击“添加部件”按钮，勾选“设置为 BaseLink”，单击“应用”。用同样的方法设置滑环，如图 4-33 所示。

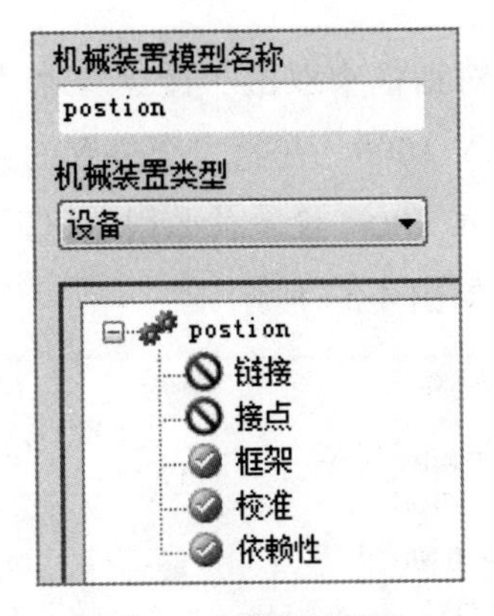

图 4-32　机械装置窗口

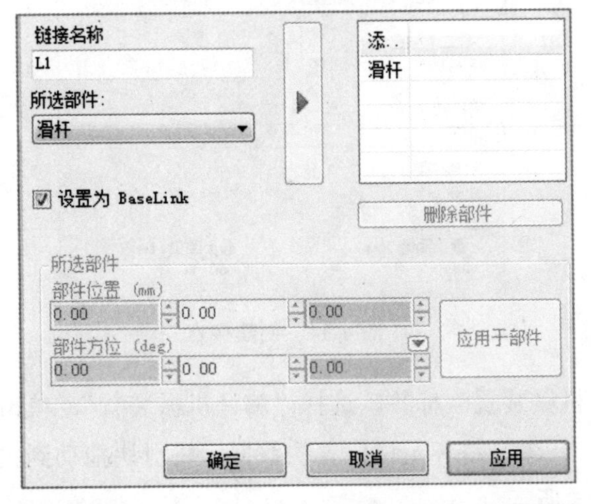

图 4-33　创建链接

（3）在“创建机械装置”对话框中双击“接点”，“关节类型”选择“往复的”，在第一个位置的第 1 个文本框中输入 1000，在第二个位置的第 1 个文本框中输入 1000，在第二个位置的第 3 个文本框中输入 600。设置关节限值以限定运动范围，最小限值为 0，最大限值为 600，单击“确定”，如图 4-34 所示。

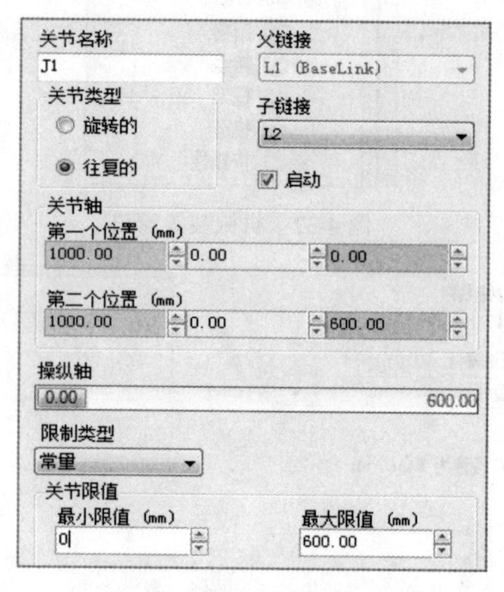

图 4-34　创建接点

（4）双击“创建机械装置”标签，选择“编译机械装置”，单击“添加”，在“姿态名称”中输入“姿态 1”，添加滑环定位位置的数据，将滑块拖动到关节值为 0 的位置，单击“确定”，如图 4-35 所示。

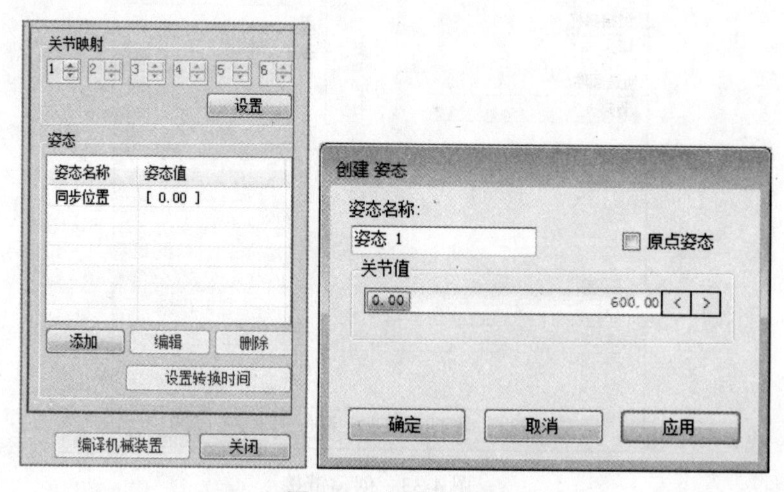

图 4-35　创建姿态 1

（5）双击“创建机械装置”标签，选择“编译机械装置”，单击“添加”，在“姿态名称”中输入“姿态 400”，添加滑环定位位置的数据，将滑环拖动到关节值为 400 的位置，单击“确定”，如图 4-36 所示。

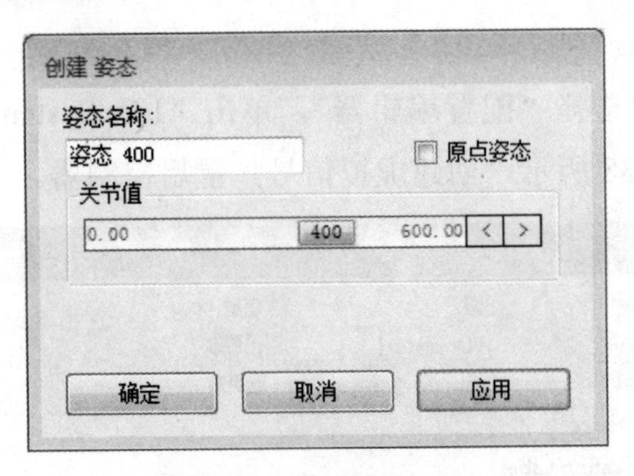

图 4-36　创建姿态 400

（6）在“创建机械装置”对话框中单击“设置转换时间”，设定滑环在两个位置之间的运动时间，完成后单击“确定”，如图 4-37 所示。

姿态

姿态名称	姿态值
同步位置	[0.00]
姿态 1	[0.00]
姿态400	[400.00]

添加　编辑　删除

设置转换时间

(a)

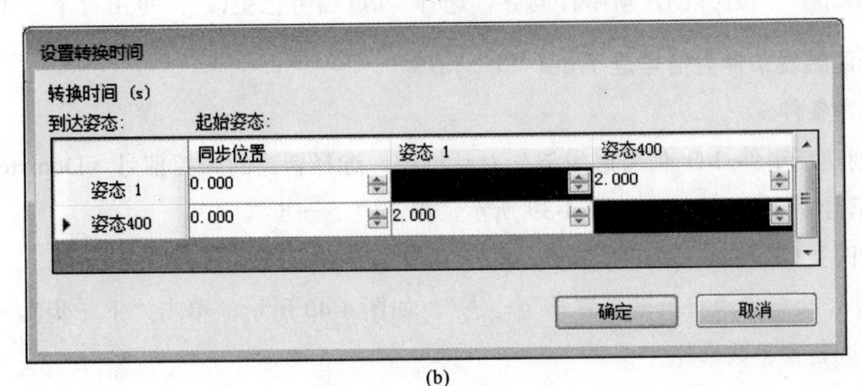

(b)

图 4-37　设置转换时间

（7）机械装置创建完成，可在“建模”菜单中选择“手动关节”，用鼠标拖动滑环在滑杆上下移动。

4.3.2 设置 I/O 信号

在“控制器”菜单中选择“配置编辑器”，单击“I/O System”中的“Signal”，选择“新建 Signal…”，如图 4-38 所示。创建虚拟信号，重启控制器。

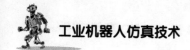

实例编辑器

名称	值	信息
Name	vDopiston	已更改
Type of Signal	Digital Output	已更改
Assigned to Device		
Signal Identification Label		
Category		
Access Level	Default	
Default Value	0	
Safe Level	DefaultSafeLevel	

Value (RAPID)
控制器重启后更改才会生效。 最小字符数为 <无效>。 最大字符数为 <无效>。

确定 取消

图 4-38　信号实例编辑

4.3.3 创建新的事件

选择“仿真”菜单，单击配置功能组右下角箭头，打开事件管理器窗口。单击任务窗格中的“添加…”，打开创建新事件向导，选择“I/O 信号已更改”，单击“下一步”。

1. 新建触发条件为信号是 True(“1”)事件

1）触发条件

在“创建新事件-I/O 信号触发器”对话框中，选择新建的虚拟信号 vDopiston，触发条件为“信号是 True(‘1’)”，如图 4-39 所示，单击“下一步”。

2）动作类型

设定动作类型为“将机械装置移至姿态”，如图 4-40 所示，单击“下一步”。

3）机械装置参数选择

机械装置选择 piston，姿态为“姿态 400”，如图 4-41 所示，单击“完成”。

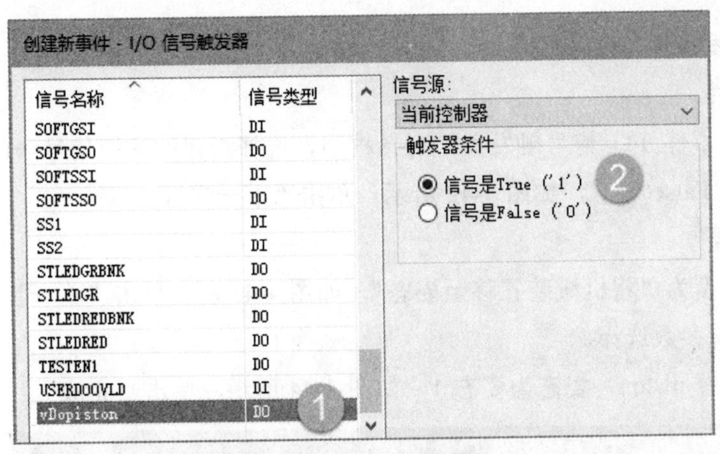

图 4-39 I/O 信号触发器

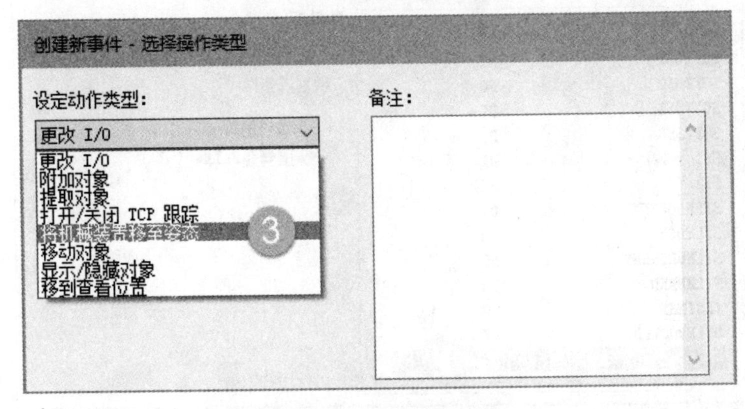

图 4-40 选择操作类型

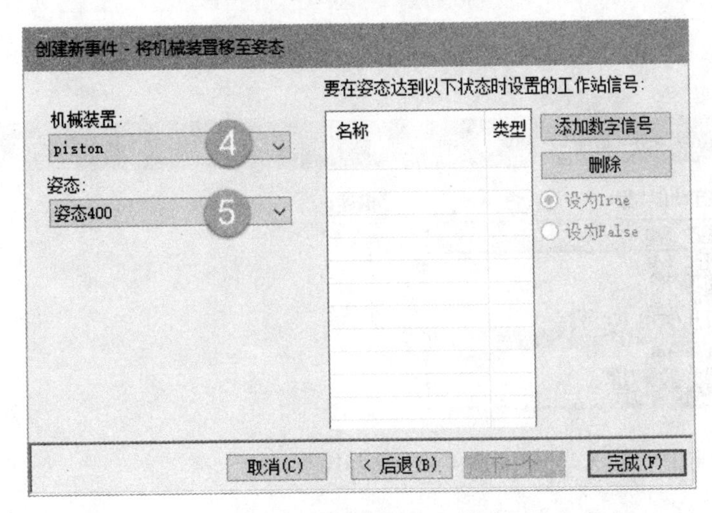

图 4-41 机械装置移至姿态

2．新建触发条件为信号是 False（“0”）事件

1）触发条件

在“创建新事件-I/O 信号触发器”对话框中，选择新建的虚拟信号 vDopiston，触发条件为“信号是 False(‘0’)”，如图 4-42 所示，单击“下一步”。

2）动作类型

设定动作类型为“将机械装置移至姿态”，如图 4-43 所，单击“下一步”。

3）机械装置参数选择

机械装置选择 piston，姿态为姿态 1，如图 4-44 所示，单击“完成”。

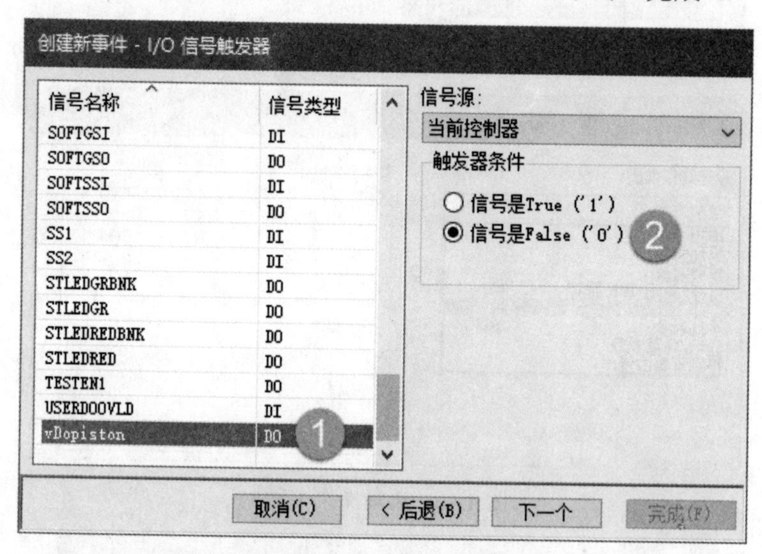

图 4-42　I/O 信号触发器

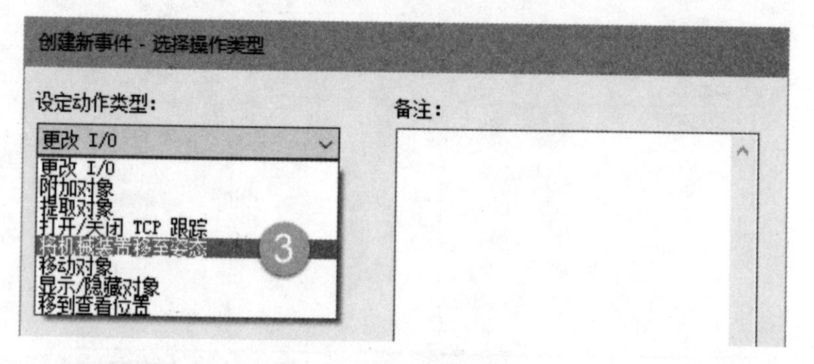

图 4-43　选择操作类型

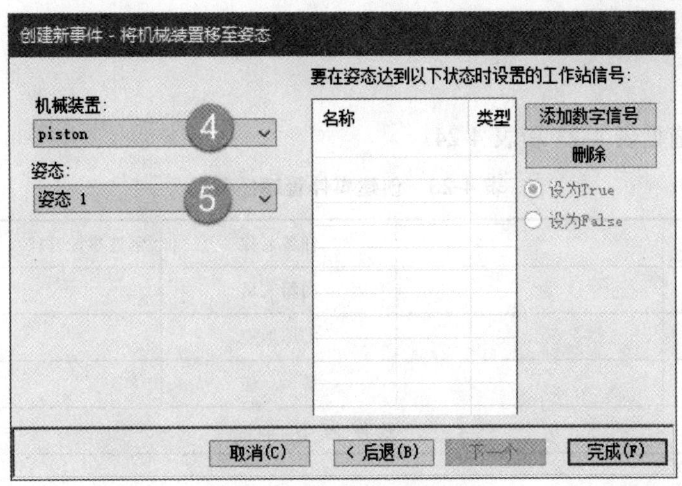
创建新事件 - 将机械装置移至姿态
机械装置:
piston
4
姿态:
姿态 1
5
要在姿态达到以下状态时设置的工作站信号:
名称
类型
添加数字信号
删除
设为True
设为False
取消(C)
< 后退(B)
下一个
完成(F)

图 4-44　机械装置参数

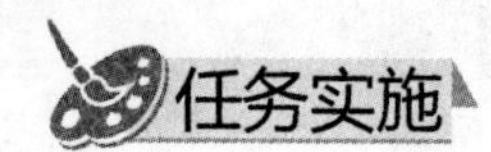

任务实施

本节任务实施见表 4-23 和表 4-24。

表 4-23　创建事件管理任务书

姓　　名		任务名称	创建事件管理
指导教师		同组人员	
计划用时		实施地点	
时　　间		备　　注	
任 务 内 容			
1．创建机械装置。 2．设置 I/O 信号。 3．创建新的事件。			

考核项目	创建机械装置	
	设置 I/O 信号	
	创建新的事件	
资　　料	工　　具	设　　备
教材		

表 4-24　创建事件管理完成报告

姓　　名		任务名称	创建事件管理
班　　级		同组人员	
完成日期		实施地点	
操作题 创建一个新的事件，通过 I/O 信号控制第 3 章中的机械装置左右移动。			

4.4 事件管理器测试

本节主要介绍如何进行事件管理测试，其中包括 Smart 组件简介、Smart 组件术语、如何创建 Smart 组件及 Smart 组件调用。

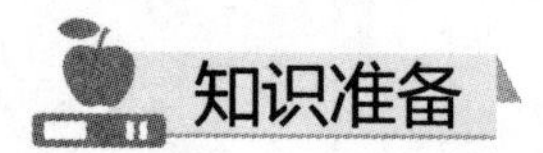

1．通过指令模板创建指令

在“基本”菜单中选择“路径”→“空路径”(Path_10)，右击新路径（Path_10），选择“插入逻辑指令…”。

（1）信号置位（vDopoiston 信号设置为 True）如图 4-45 所示。

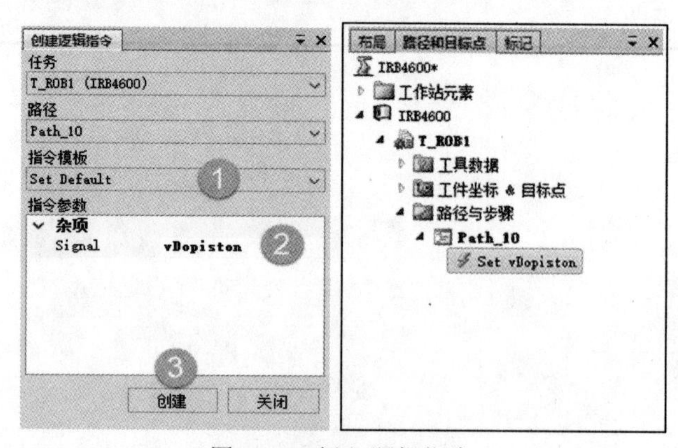

图 4-45　插入逻辑指令

（2）加入等待时间（大于从一个姿态到另一个姿态的时间）5 秒，本例中姿态转变等待时间为 2 秒，如图 4-46 所示。

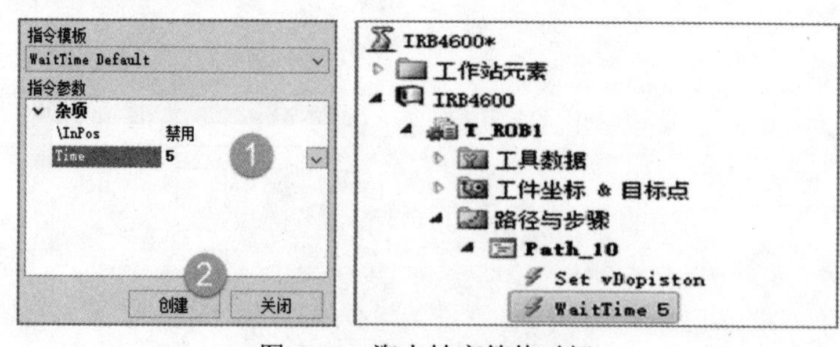

图 4-46　姿态转变等待时间

（3）用类似第 1 步的方法，创建信号复位（vDopoiston 信号设置为 False）。

（4）用类似第 2 步的方法，加入等待时间 5 秒。或复制第 2 步创建的指令，粘贴到第 3 步创建的指令下方，如图 4-47 所示。

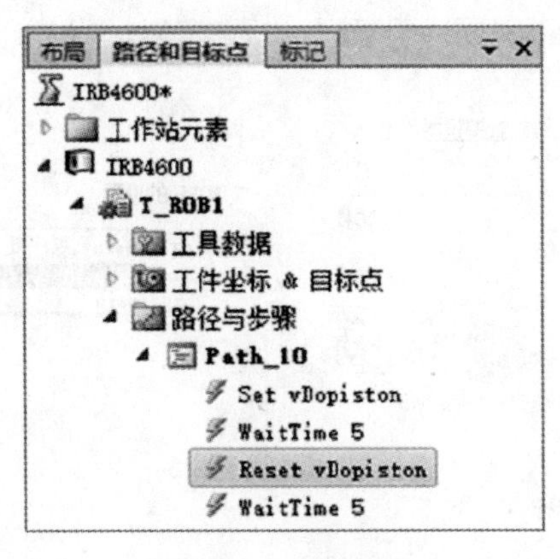

图 4-47　逻辑指令

（5）同步到 RAPID。选择“RAPID”菜单中的“同步”→“同步到 RAPID”，单击“确定”，如图 4-48 所示。

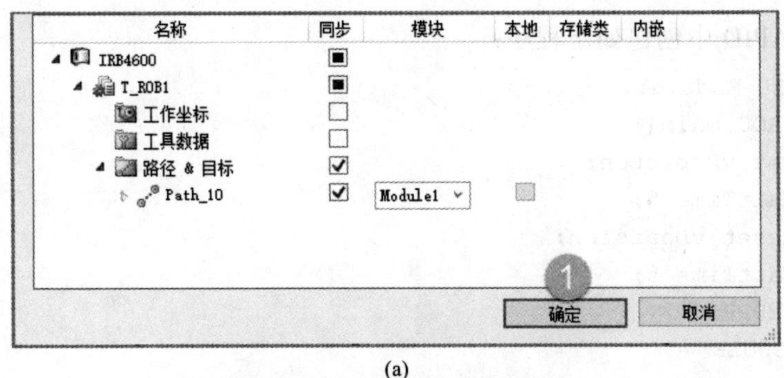

(a)

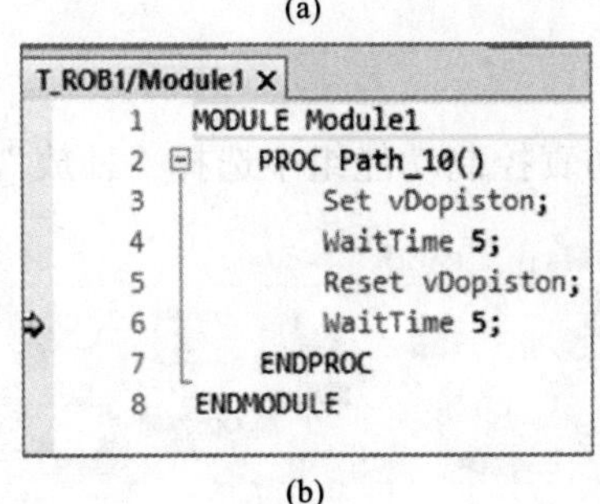

(b)

图 4-48　同步到 RAPID

（6）仿真设定。选择“仿真”菜单中的“仿真设定”，选择“T_ROB1”，修改“进入点”为 Path_10，单击“关闭”，如图 4-49 所示。

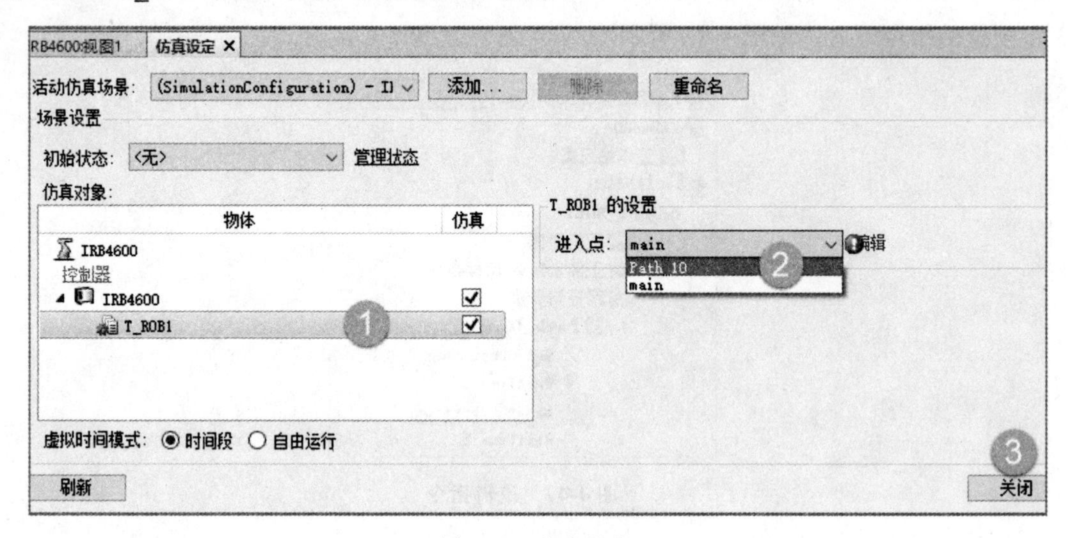

图 4-49　仿真设定

2．创建程序

直接在 RAPID 中创建如下程序：

```
MODULE Module1
    PROC main()
    Set vDopiston;
    WaitTime 5;
    Reset vDopiston;
    WaitTime 5;
    ENDPROC
ENDMODULE
```

3．仿真

选择“仿真”菜单，在仿真控制功能组中选择“播放”，如图 4-50 所示。

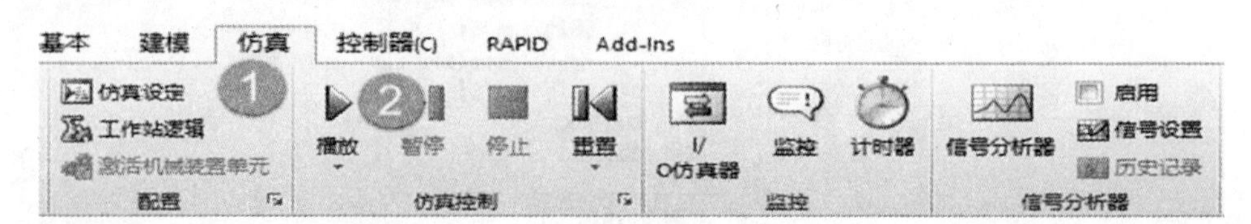

图 4-50　仿真播放

4.4.1 Smart 组件简介

Smart 组件是 RobotStudio 对象（以 3D 图像表示或不以 3D 图像表示），该组件动作可以由代码或和其他 Smart 组件控制执行，为 3D 几何体赋予仿真效果。

4.4.2 Smart 组件术语

Smart 组件术语见表 4-25。

表 4-25 Smart 组件术语

术 语	定 义
Code behind（代码后置）	Smart 组件中的.NET，通过对某个事件的反应可以执行自定义的动作，如仿真时间变化引起的某些属性值的变化
[Dynamic] property（[动态]属性）	Smart 组件上对象，包含值、特定的类型和属性。属性值被 code behind 用来控制 Smart 组件的动作行为
[Property] binding（[属性] 捆绑）	将一个属性值连接至另一属性值
[Property] attributes（[属性]特征）	关键值包括关于动态属性的附加信息，如值的约束等
[I/O] signal（[I/O] 信号）	Smart 组件上的对象，包含值和方向（输入/输出）类似于机器人控制器上的 I/O 信号。信号值被 code behind 用来控制 Smart 组件的动作行为
[I/O] connection（[I/O]连接）	连接一个信号的值到另外不同信号的值
Aggregation（集合）	使用 and/or 连接多个 Smart 组件以完成更复杂的动作
Asset	Smart 组件中的数据对象。使用局部的和集合的背后代码

I/O Signals 属性见表 4-26。

表 4-26 I/O Signals 属性

命 令	描 述
添加 I/O Signals	打开“Add I/O Signals”（添加 I/O 信号）对话框
展开子对象信号	打开“Expose Child Signal”（展开子对象信号）对话框
编辑	打开“编辑信号”对话框
删除	删除所选信号

使用“添加 I/O Signals”对话框，编辑 I/O 信号，或添加一个或多个 I/O 信号到所选组件，见表 4-27。

表 4-27　添加 I/O Signals 对话框可用控件

控　件	描　述
信号类型	指定信号的类型和方向。 有以下信号类型：Digital、Analog、Group
信号名称	指定信号名称。 名称中需包含字母和数字并以字母开头（a～z 或 A～Z）。 如果创建多个信号，则会为名称添加由开始索引和步幅指定的数字后缀
信号值	指定信号的原始值
自动复位	指定该信号拥有瞬变行为。 这仅适用于数字信号。表明信号值自动被重置为 0
信号数量	指定要创建的信号的数量
开始索引	当创建多个信号时指定第一个信号的后缀
步骤	当创建多个信号时指定后缀的间隔
最小值	指定模拟信号的最小值。 这仅适用于模拟信号
最大值	指定模拟信号的最大值。 这仅适用于模拟信号
隐藏	选择属性在 GUI 的属性编辑器和 I/O 仿真器等窗口中是否可见
只读	选择属性在 GUI 的属性编辑器和 I/O 仿真器等窗口中是否可编辑

注意：在编辑现有信号时，只能修改信号值和描述，其他所有控件都将被锁定。

如果输入值有效，“确定”按钮可用，允许创建或更新信号。如果输入值无效，将显示错误图标。

使用“展开子对象信号”对话框，可以添加与子对象中的信号有关联的新 I/O 信号，见表 4-28。

表 4-28　展开子对象信号对话框可用控件

控　件	描　述
信号名称	指定要创建信号的名称。默认情况下与所选子关系信号名称相同
子对象	指定要展开信号所属的子对象
子信号	指定子信号

I/O Connections 信息可用控件见表 4-29。

使用“添加 I/O Connection”（连接）对话框，可以创建 I/O 连接或编辑已存在的连接，见表 4-30。

表 4-29 I/O Connections 信息可用控件

控 件	描 述
添加 I/O Connection	打开“添加 I/O Connection”对话框
编辑	打开“编辑”对话框
管理 I/O Connections	打开“管理 I/O Connections”对话框
删除	删除所选连接
上移/下移	向上或向下移动列表中选中的连接

表 4-30 添加 I/O Connections 对话框可用控件

控 件	描 述
源对象	指定源信号的所有对象
源信号	指定连接的源。该源必须是子组件的输出或当前组件的输入
目标对象	指定目标信号的所有者
目标信号	指定连接的目标。目标一定要和源类型一致，是子组件的输入或当前组件的输出
允许循环连接	允许目标信号在同一情景内设置两次

管理 I/O 连接对话框以图形化的形式显示部件的 I/O 连接。可以添加、删除和编辑连接，仅显示数字信号。

管理 I/O Connections 对话框可用控件见表 4-31。

表 4-31 管理 I/O Connections 对话框可用控件

控 件	描 述
源/目标信号	列出连接中所需的信号，源信号在左侧，目标信号在右侧。每个信号以所有对象和信号名标识
连接	以箭头的形式显示从源信号到目标信号的连接
逻辑门	指定逻辑运算符和延迟时间，执行在输入信号上的数字逻辑
添加	添加源：在左侧添加源信号。 添加目标：在右侧添加目标信号。 添加逻辑门：在中间添加逻辑门
删除	删除所选的信号，连接或逻辑门

使用以下步骤添加、移除和创建新的 I/O 连接。

（1）单击“添加”并选择“添加源”（或添加目标、添加逻辑门），分别添加源信号、目标信号或逻辑门。

（2）将鼠标移向“源信号”直至出现交叉光标。

（3）单击鼠标左键拖动逻辑门，创建新的 I/O 连接。

（4）选择信号、连接或逻辑门，然后单击“删除”，删除所选对象，如图 4-51 所示。

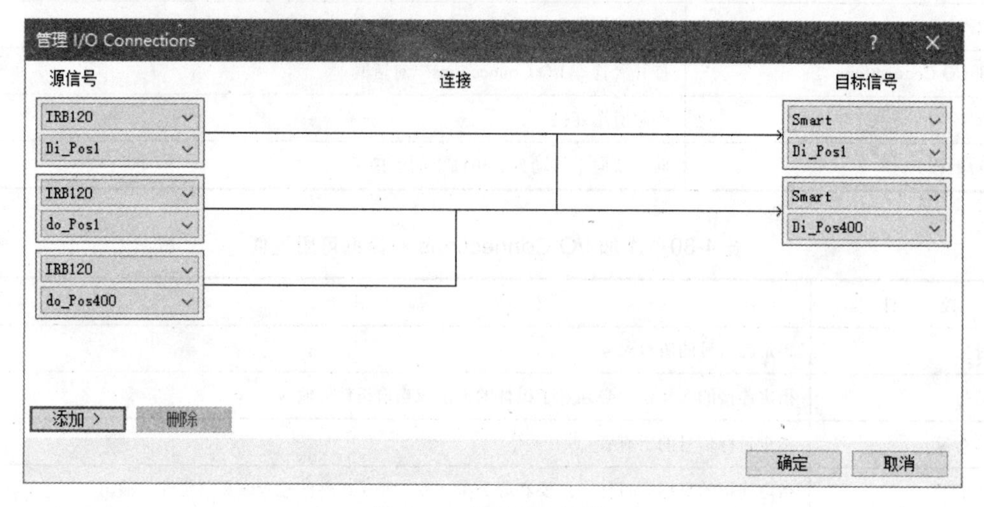

图 4-51　管理 I/O 连接

4.4.3　创建 Smart 组件

使用智能组件编辑器，在图形用户界面创建、编辑和组合 Smart 组件，是用 XML 编译器的替代方式。

（1）在机器人工作站中导入或创建（参考前面的章节）机械装置，如图 4-52 所示。

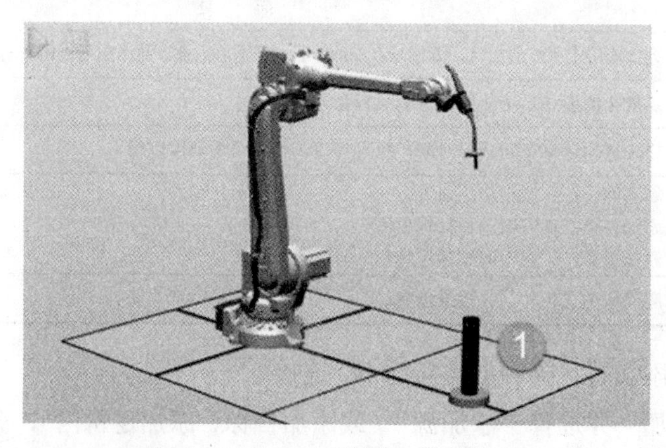

图 4-52　导入（或创建）机械装置

（2）右击“机械装置”，选择“断开与库的连接”。

（3）创建 Smart 组件，选择“建模”菜单中的“Smart 组件”，右击生成的 Smart 组件，重命名（Smart），如图 4-53 所示。

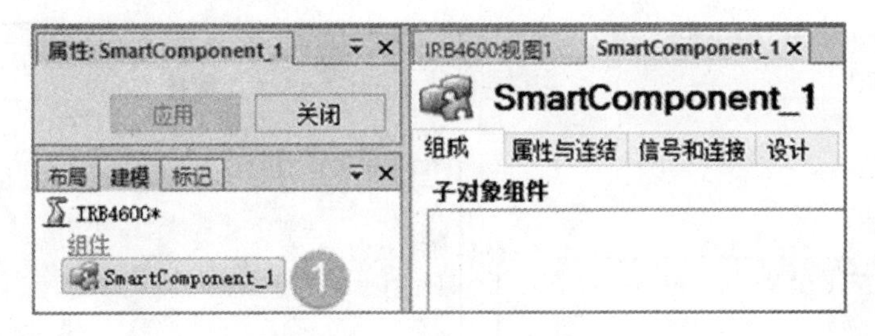

图 4-53　Smart 组件编辑

（4）在“布局”浏览器中，把机械装置拖进 Smart 中，并右击“机械装置”，勾选“设定为 Role”（角色），如图 4-54 所示。

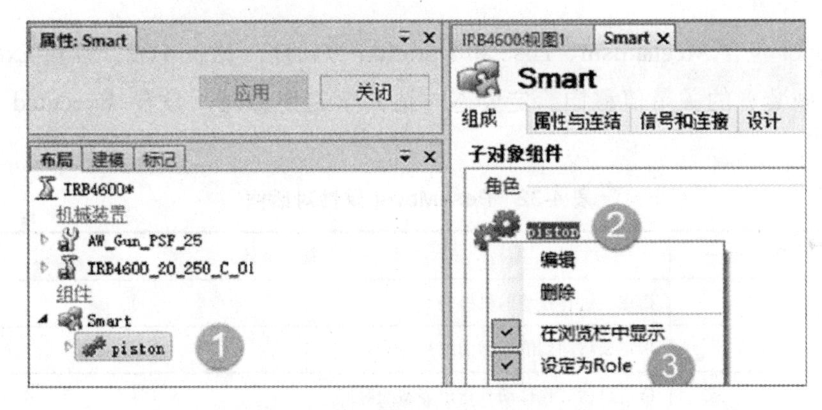

图 4-54　设置机械单元为 Role（角色）

（5）根据机械装置的运动姿态，添加适当组件，单击“添加组件”→“本体”→“PoseMover”，如图 4-55 所示。

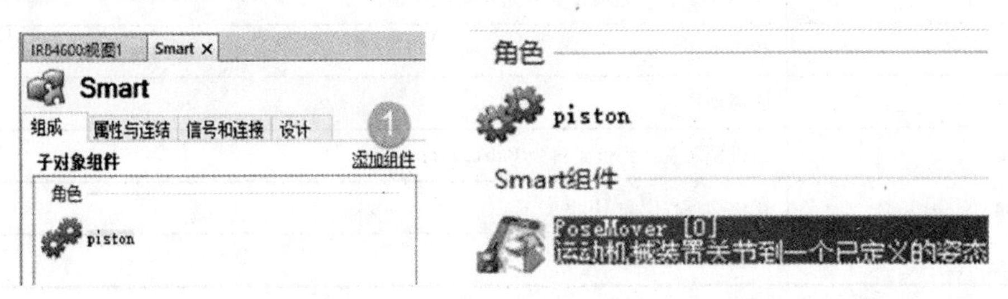

图 4-55　添加组件

（6）定义机械装置运动姿态。右击“PoseMover[0]”，选择“属性”（或直接在属性对话框中选择机械组件），并设定属性（机械装置、运动姿态、持续时间等）参数值，如图 4-56 所示。

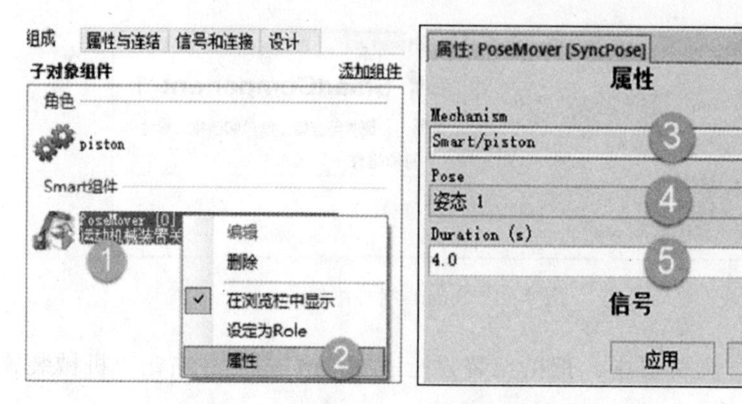

图 4-56　设定属性值

PoseMover 包含 Mechanism、Pose 和 Duration 等属性，见表 4-32。设置 Execute 输入信号时，机械装置的关节值移向给定姿态。达到给定姿态时，设置 Executed 输出信号，见表 4-33。

表 4-32　PoseMover 属性对话框

属　性	描　述
Mechanism	指定要进行移动的机械装置
Pose	指定要移动到的姿态的编号
Duration	指定机械装置移动到指定姿态的时间

表 4-33　信号

信　号	描　述
Execute	设为 True，开始或重新开始移动机械装置
Pause	暂停动作
Cancel	取消动作
Executed	当机械装置达到位姿时为 Pulses high
Executing	在运动过程中为 High
Paused	当暂停时为 High

（7）重复步骤（5）和步骤（6），定义余下姿态组件，如图 4-57 所示。

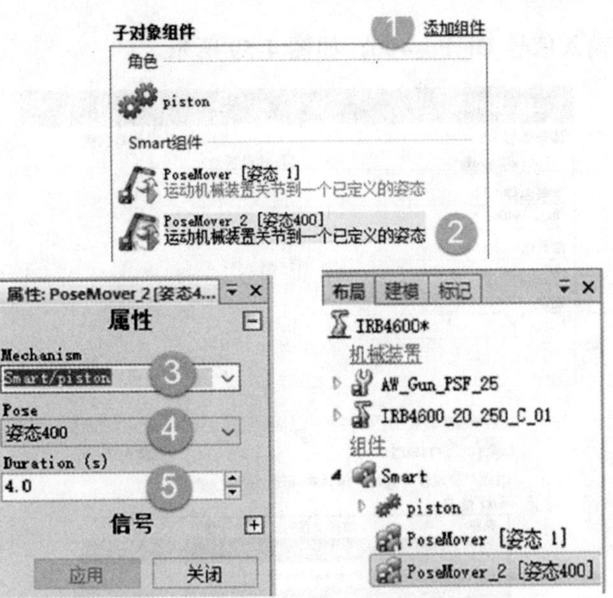

图 4-57　机械装置两个姿态组件

（8）添加信号。根据姿态确定信号数量。在 Smart 组件编辑器中，选取“信号和连接”页面，单击“添加 I/O Signals”，添加数字输入信号 Di_Pos1，如图 4-58 所示。

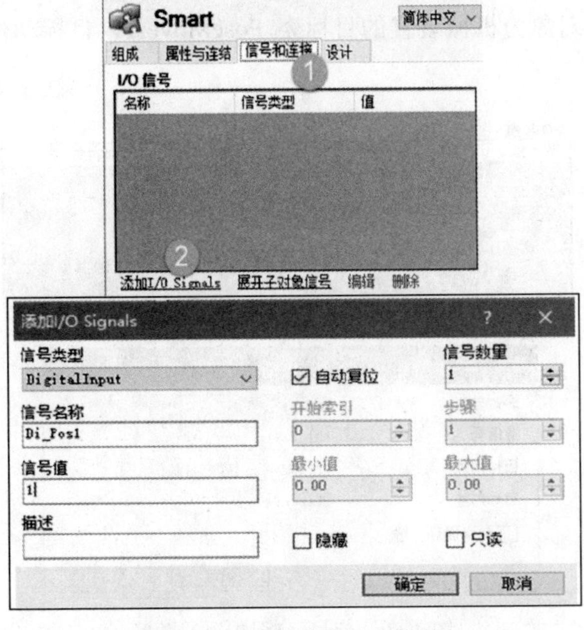

图 4-58　添加数字输入信号

（9）添加数字输入信号 Di_Pos400，如图 4-59 所示。

添加I/O Signals

信号类型 DigitalInput　　☑自动复位　　信号数量 1

信号名称 Di_Pos400　　开始索引 0　　步骤 1

信号值 1　　最小值 0.00　　最大值 0.00

描述　　☐隐藏　　☐只读

确定　取消

IRB4600:视图1　Smart

Smart　简体中文

组成　属性与连结　信号和连接　设计

I/O 信号

名称	信号类型	值
Di_Pos1	DigitalInput	1
Di_Pos400	DigitalInput	1

添加I/O Signals　展开子对象信号　编辑　删除

图 4-59　添加数字输入信号

（10）信号关联。单击“添加 I/O Connection”，源对象选择 Smart，触发事件的源信号为 Di_Pos1，目标对象为机械装置的目标姿 PoseMover1，目标动作类型为 Execute（执行），如图 4-60 所示。

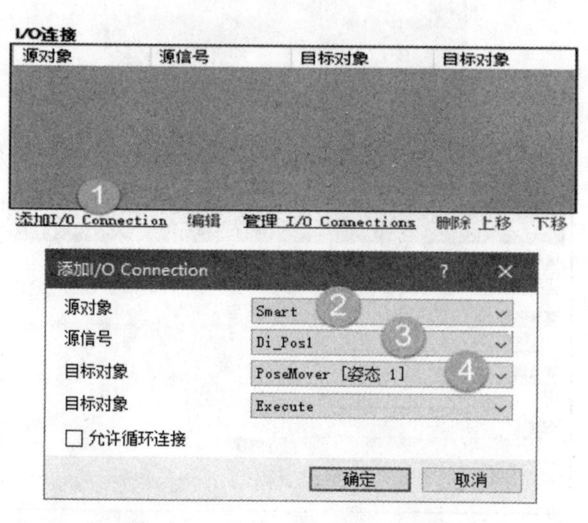

图 4-60　信号（Di_Pos1）关联

（11）重复第 10 步，关联信号 Di_Pos400，如图 4-61 所示。

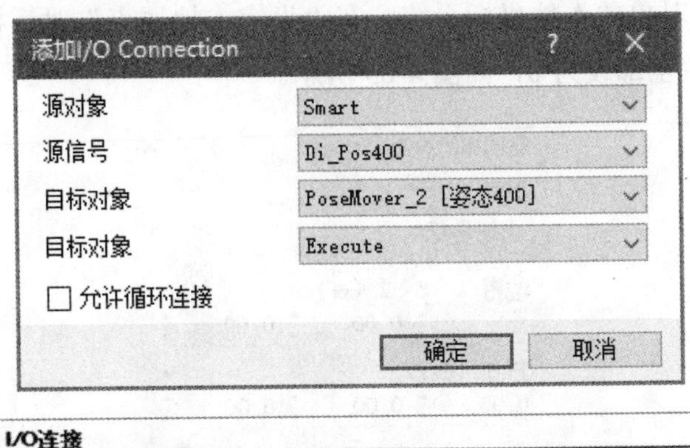

I/O连接

源对象	源信号	目标对象	目标对象
Smart	Di_Pos1	PoseMover [姿态 1]	Execute
Smart	Di_Pos400	PoseMover_2 [姿态400]	Execute

图 4-61　信号（Di_Pos400）关联

（12）Smart 组件动作测试。在属性 Smart（如图不见本对话框，在“建模”浏览器中右击 Smart，选择“属性”，设定属性与信号）中单击 Di_Pos1 或 Di_Pos400，机械装置分别对应两种不同的姿态，如图 4-62 所示。

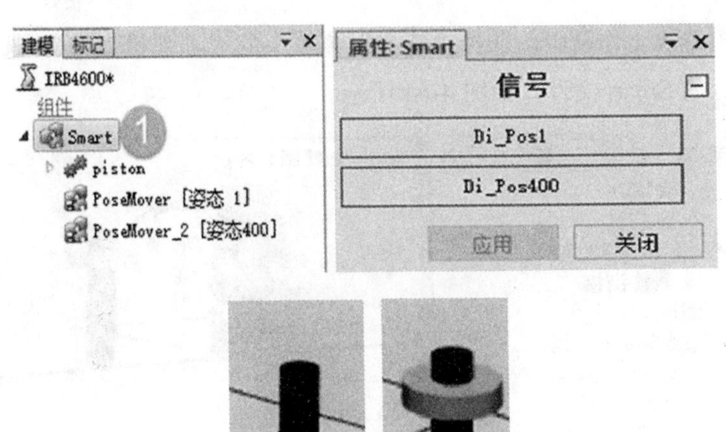

图 4-62　Smart 组件动作测试

（13）设定本地原点。Smart 组件动作测试完成后，右击组件“Smart”，选择“设定本地原点”，重定位对象的本地坐标系统，在“设定本地原点”对话框中将参考坐标设为大地坐标，位置参数全部设为 0，如图 4-63 所示。

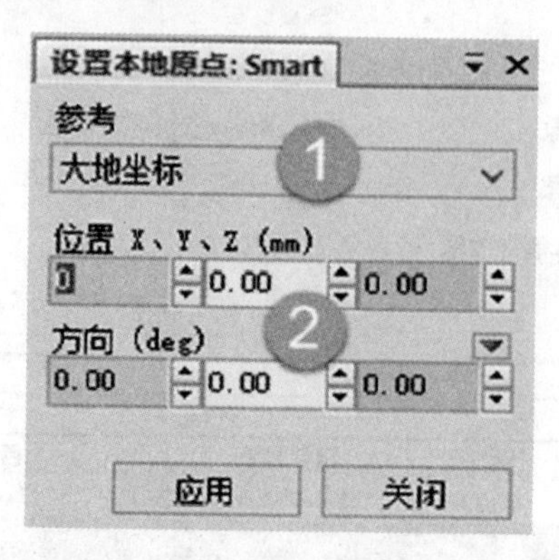

图 4-63　设定本地原点

（14）右击组件“Smart”，选择“受保护”，隐藏内部结构，防止被修改。

（15）右击组件“Smart”，选择“保存为库文件…”，以备后用。

4.4.4　Smart 组件调用

（1）在新机器人工作站中，选择“基本”菜单中的“导入模型库”，选择“用户库”，选择上一节保存的 Smart 文件，如图 4-64 所示。

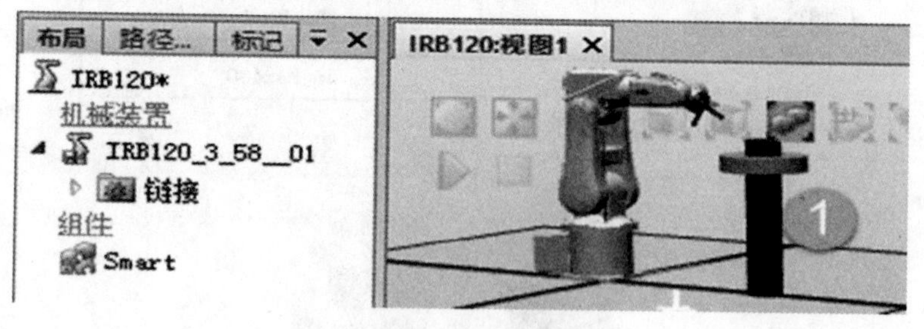

图 4-64　导入 Smart 文件

（2）右击智能组件 Smart，选择“断开与库的连接”。

（3）创建控制组件 Smart 两种姿态的输出（虚拟）信号。选择“控制器”菜单配置组中的配置编辑器，选择“I/O system”，双击“Signal”，新建 do_Pos1、do_Pos400 两虚拟数字输出信号，如图 4-65 所示。

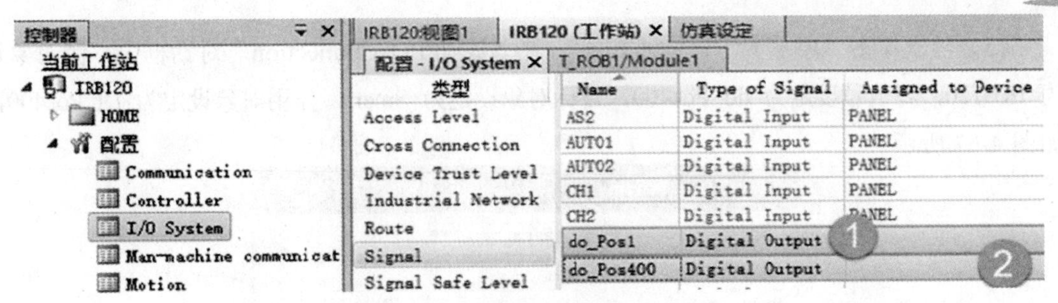

图 4-65　虚拟数字输出信号

（4）工作站逻辑设定。在“仿真”菜单配置组中的选择“工作站逻辑”，选择“信号和连接”页面，单击“添加 I/O Connection”（连接），在“添加 I/O Connection”对话框中，源对象设定为 IRB120，源信号设定为 do_Pos1，目标对象设定为 Smart，作用对象设定为 Di_Pos1，如图 4-66 所示。

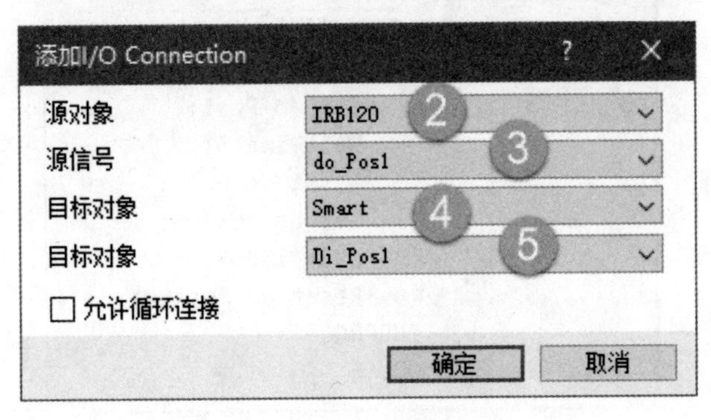

图 4-66　添加信号连接

（5）再次单击“添加 I/O Connection”，在“添加 I/O Connection”对话框中，源对象设为 IRB120，源信号设定为 do_Pos400，目标对象设定为 Smart，作用对象设定为 Di_Pos400，如图 4-67 所示。

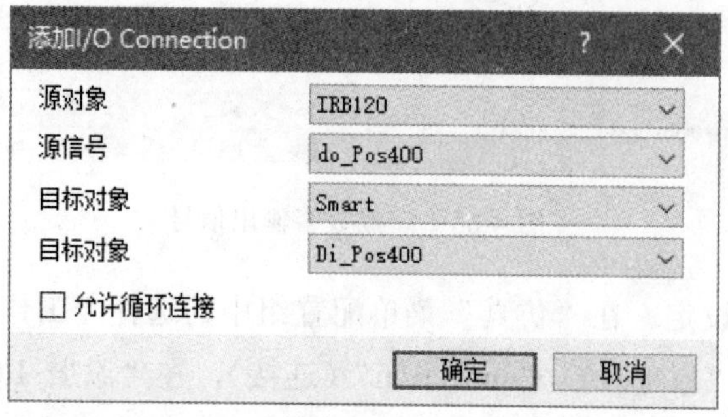

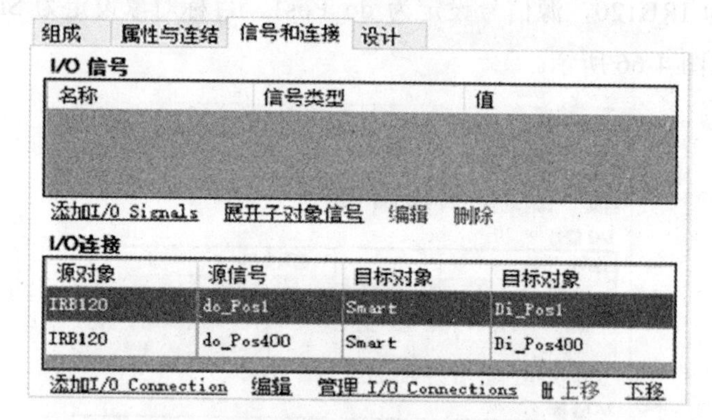

图 4-67　添加信号连接

（6）控制测试。新建例行程序 main，代码如图 4-68 所示。

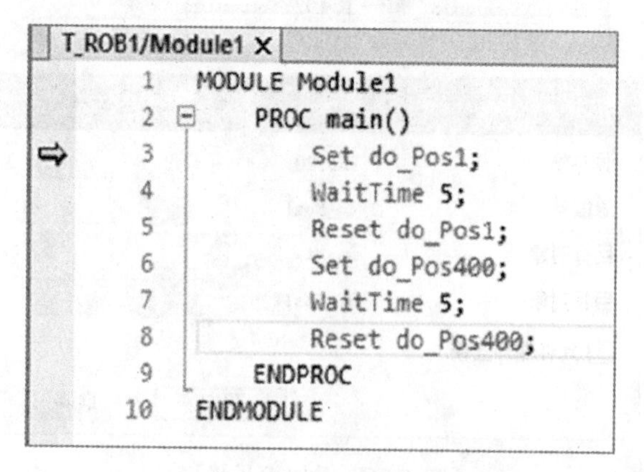

图 4-68　测试代码

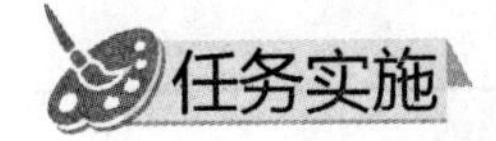

本节任务实施见表 4-34 和表 4-35。

表 4-34　事件管理器测试任务书

姓　　名		任务名称	事件管理器测试
指导教师		同组人员	
计划用时		实施地点	
时　　间		备　　注	
任 务 内 容			
1．Smart 组件简介。 2．Smart 组件术语。 3．创建 Smart 组件。 4．Smart 组件调用。			
考核项目	描述 Smart 组件		
	描述 Smart 组件术语有哪些，各有什么作用？		
	创建 Smart 组件		
	Smart 组件调用		
资　　料	工　　具	设　　备	
教材		计算机	

表 4-35　事件管理器测试任务完成报告

姓　　名		任务名称	事件管理器测试
班　　级		同组人员	
完成日期		实施地点	

创建一个简单的搬运机器人工作站，创建相应的工具、工件，并添加相应的信号。条件如下。

（1）机器人 IRB1200_7_70_STD_01。

（2）工具的矩形体的长度为 500mm、宽度为 200mm、高度为 20mm，工具的圆柱体的半径为 25mm、高度为 60mm，调整两个物体的位置，运用“建模”选项卡下的“CAD 操作”组中的“结合”工具把两个物体结合成部件_3，删除前面两个部件，修改部件_3 名字为“工具”，再根据前面的方法创建工具，将工具安装到机器人法兰盘中，如图 4-69 所示。

（3）工件的矩形体的长度为 300mm、宽度为 300mm、高度为 300mm，修改颜色为绿色，重命名部件为“工件”，如图 4-70 所示。

（4）运用“从布局”方法添加机器人系统，包含功能选项（中文 Chinese、709-1DeviceNet Master/Slave）。

（5）在示教器中添加 d652（地址为 10）的 DeviceNet 设备，在 RobotStudio 软件中配置一个数字输出 I/O 信号 do1（地址为 1）。

（6）在示教器或者 RobotStudio 软件的 RAPID 中编写简单的搬运程序，示教抓取点 P10 和放置点 P20，并用仿真运行程序，如图 4-71 所示。

（7）创建一个名称为“SM”的 Smart 组件，在 Smart 组件中添加其他子组件（如图 4-72 所示），添加一个数字输入信号 di1（如图 4-73 所示），添加 I/O 连接（如图 4-74 所示）。

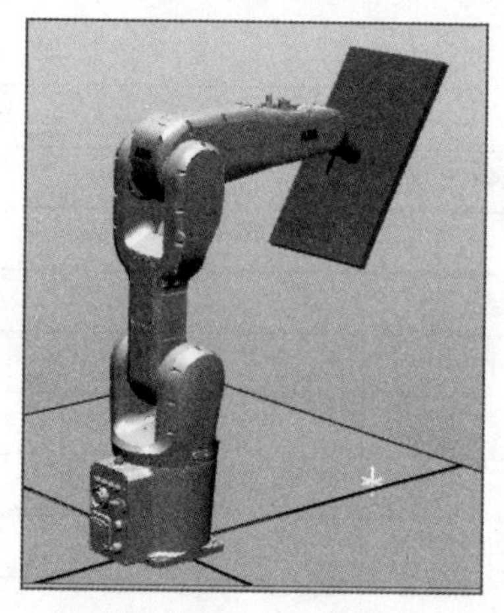

图 4-69　工具

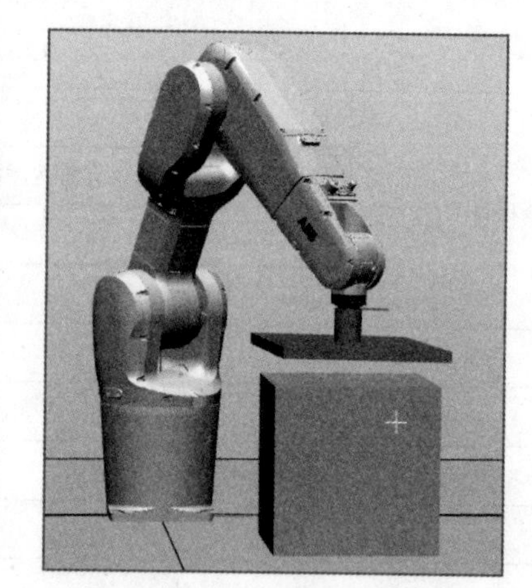

图 4-70　工件

续表

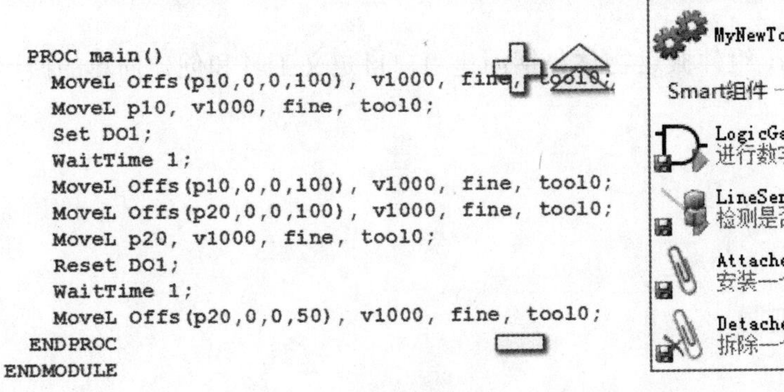

```
  PROC main()
    MoveL Offs(p10,0,0,100), v1000, fine, tool0;
    MoveL p10, v1000, fine, tool0;
    Set DO1;
    WaitTime 1;
    MoveL Offs(p10,0,0,100), v1000, fine, tool0;
    MoveL Offs(p20,0,0,100), v1000, fine, tool0;
    MoveL p20, v1000, fine, tool0;
    Reset DO1;
    WaitTime 1;
    MoveL Offs(p20,0,0,50), v1000, fine, tool0;
  ENDPROC
ENDMODULE
```

图 4-71　简单搬运程序

角色

MyNewTool

Smart组件

LogicGate [NOT]
进行数字信号的逻辑运算

LineSensor
检测是否有任何对象与两点之间的线段相交

Attacher
安装一个对象

Detacher
拆除一个已安装的对象

图 4-72　添加子组件

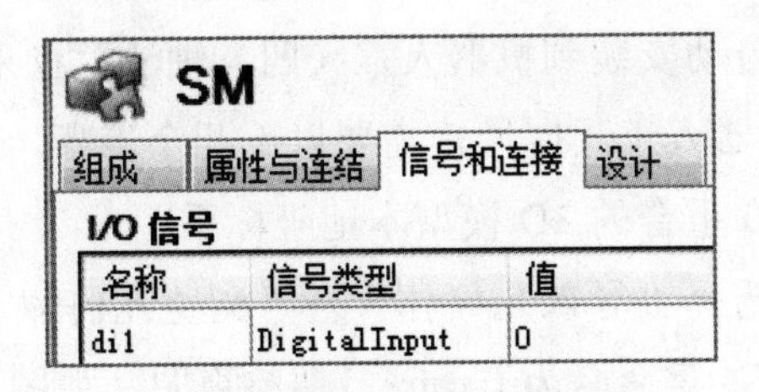

图 4-73　添加一个数字输入信号 di1

I/O连接

源对象	源信号	目标对象	目标对象
SM	di1	LineSensor	Active
LineSensor	SensorOut	Attacher	Execute
SM	di1	LogicGate [NOT]	InputA
LogicGate [NOT]	Output	Detacher	Execute

图 4-74　添加 I/O 连接

4.5 运用 Smart 组件搬运物体

本节介绍如何运用 Smart 组件搬运物体包括创建用户自定义工具和创建简单的搬运机器人系统。

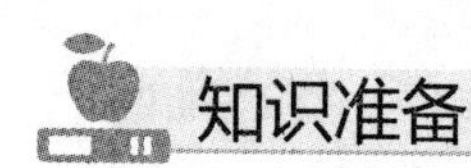

知识准备

4.5.1 创建用户自定义工具

在构建工业机器人系统时，常使用自定义工具。如何让用户工具像 ABB RobotStudio 模型库中的工具一样，能自动安装到机器人六（四）轴法兰盘末端，且坐标方向一致。

3D 模型创建要具备机器人工具属性，需要以下几个步骤。

1）创建与机器人 tool0 重合的 3D 模型本地坐标系

在“建模”菜单中，选择“导入几何体”→“浏览几何体...”，导入 3D 模工具模型文件，右击“导入几何体”，重命名为 fixture，调整视图，如图 4-75 所示。

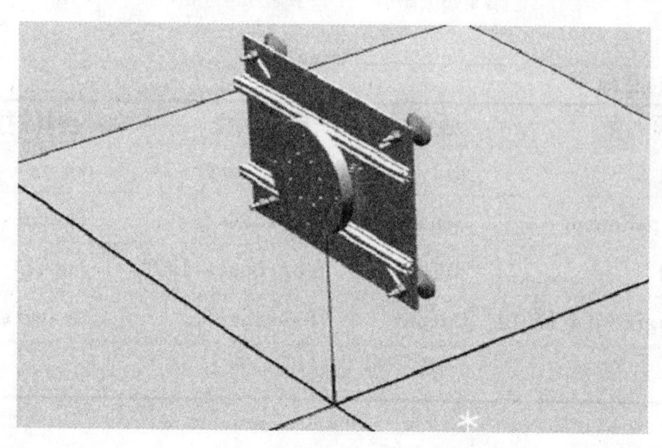

图 4-75　3D 工具模型

2）修改 3D 模型 fixture 位置

（1）右击“布局”浏览器中 3D 模型 fixture，选择“位置”→“设定位置”，在“设定位置”对话框中，参考坐标设定为本地，在 X 方向框中输入–90，单击“应用”，如图 4-76 所示。

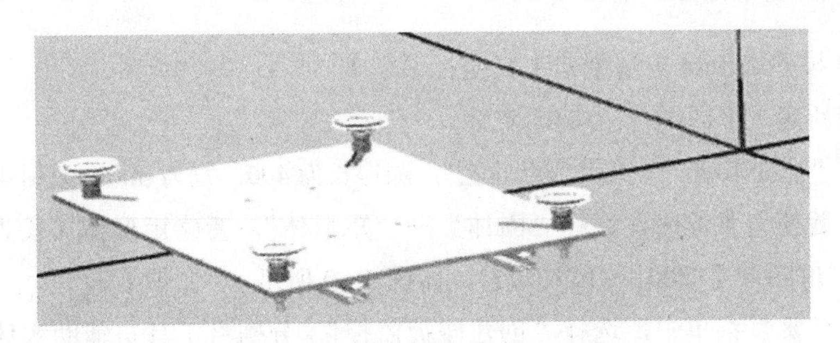

图 4-76 3D 模型 fixture X 方向旋转-90

（2）选择“选择表面”→“捕捉中心”工具，右击“布局”浏览器中 3D 模型 fixture，选择“位置”→“放置”→“一个点”，选择 3D 模型 fixture 底平面中心点，“放置对象”对话框中“主点—到”参数全部设置为 0，将 fixture 底平面中心点设定在大地坐标原点，如图 4-77 所示。

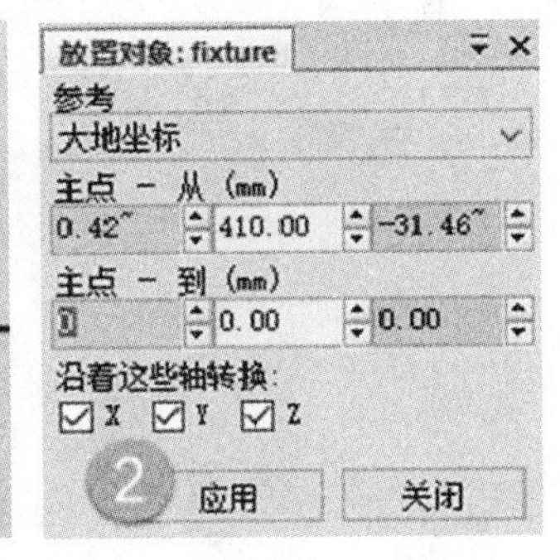

图 4-77 设定位置

（3）设定 3D 模型 fixture 原点。在“布局”浏览器中右击 3D 模型，选择“修改”→“设定本地原点”。在“设定本地原点”对话框中，参考坐标设定为大地坐标，其他参数全部设定为 0，单击“应用”，如图 4-78 所示。

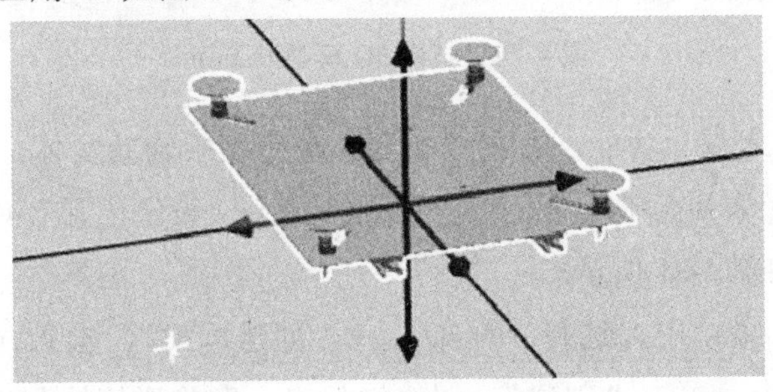

图 4-78 设定本地原点

3）在 3D 模型 fixture 末端创建工具坐标系框架

工具顶端新建一平面(命名为辅助实体)。

（1）启用“捕捉末端”→“点到点功能”，测得长为 400，宽为 300，如图 4-79 所示。

（2）在“建模”菜单中，选择“固体”→“矩形体”，新建矩形体（长为 400，宽为 300，高为 5；角点为【−200，−150，0】），如图 4-80 所示。

（3）在“仿真”菜单中，选择“创建碰撞监控”，分别将工具与辅助实体放入不同组中，Z 方向移动辅助实体，直到刚好不碰撞工具为止。

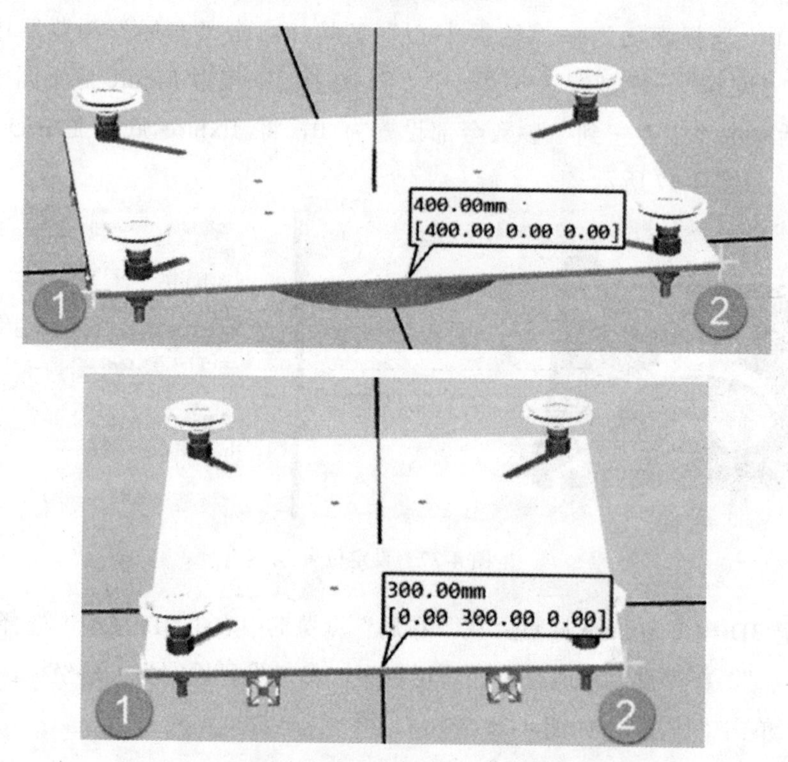

图 4-79　测量 3D 模型 fixture

（4）启用“捕捉末端”功能，右击“布局”浏览器中辅助实体，“位置”→“设定位置”，捕捉辅助实体上表面其中一个角点，记录(复制)“设定位置”对话框中位置栏 Z 值（如图中：82.91），如图 4-81 所示。

（5）在“建模”菜单中，选择“框架”→“创建框架”，输入（粘贴）到“创建框架”对话框 Z 值栏中，单击“创建”，创建框架_1，删除碰撞检测设定、辅助实体，如图 4-82 所示。

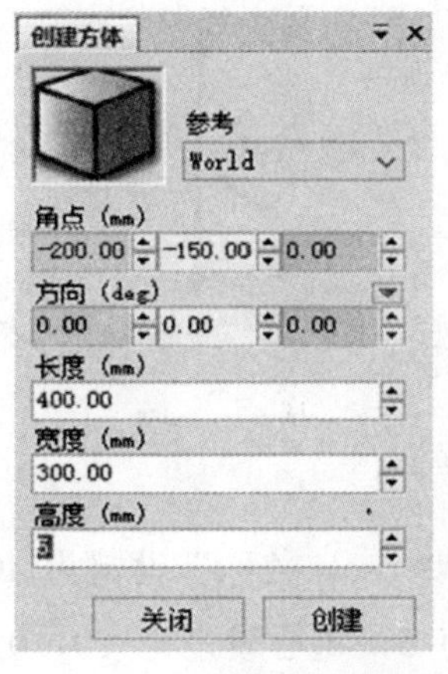

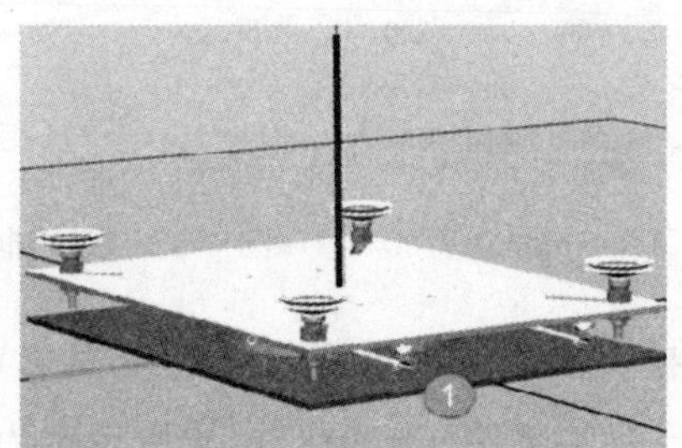

图 4-80　辅助实体

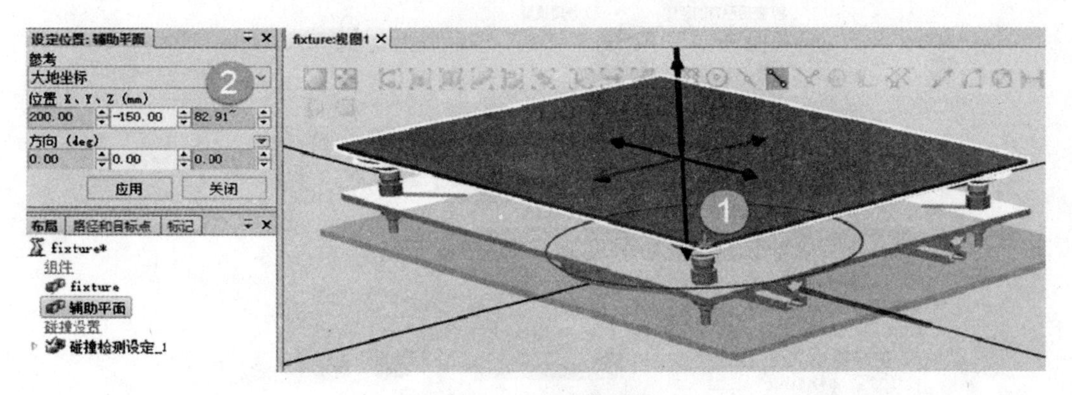

图 4-81　最短距离捕捉

4）创建工具

（1）创建（或导入）搬运对象，测量对象高度，获得 Z 值，计算工具重心位置。本处假定搬运对象（体积为：600×400×200）高度为 200.00mm，则工具重心 Z 方向的值为 100 + 82.91 = 182.91（约为 183.00）。

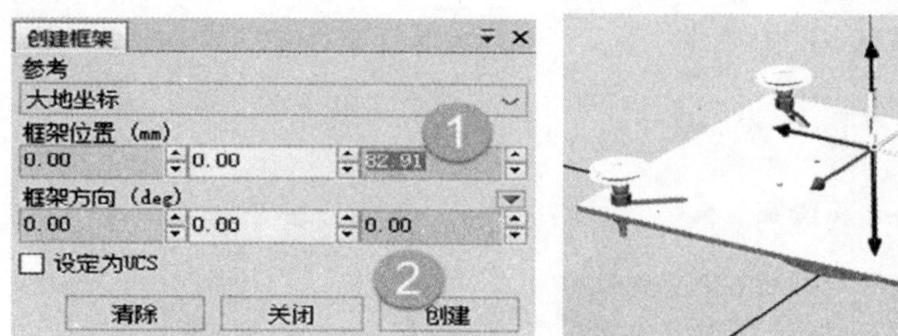

图 4-82　创建框架

（2）在“建模”菜单中，选择“创建工具”。“Tool 名称”设定为 tCarry，“选择部件”设定为使用已有的部件（tCarry），质量设定为 5，重心设定为（0，0，185），框架设定为框架_1，位置由框架_1 自动决定，单击“添加”按钮。完成后，在“布局”浏览器中出现工具图标，如图 4-83 所示。

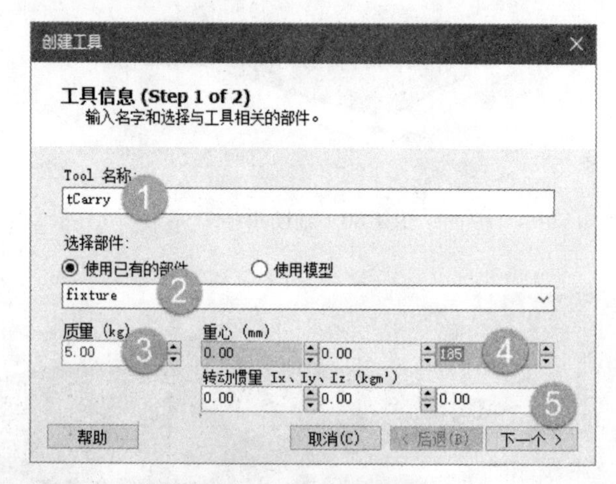

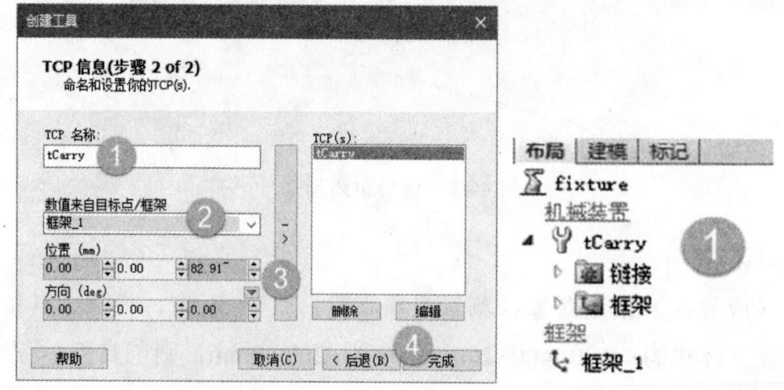

图 4-83　创建工具

（3）在“布局”浏览器中右击新生成工具“tCarry”，选择“保存为库文件...”。

4.5.2　创建简单的搬运机器人系统

（1）创建搬运机器人工作站。在“文件”菜单中，选择“新建”“空工作站”。

（2）在“基本”菜单中，选择“ABB 模型库”→“机器人”→“IRB260”。

（3）在“基本”菜单中，选择“导入模型库”→“浏览库文件...”，选择上一节中保存的工具库文件 tCarry.rslib，右击该工具，选择“断开与库的连接”，暂不安装到机器人上。

（4）创建搬运实体对象。在“建模”菜单中，选择“固体”→“矩形体”（600×400×200），重命名为 Box，设定 Box 角点坐标（−300，−200，0）。

（5）创建搬运机器人系统。在“基本”菜单中，选择“机器人系统”→“从布局...”，命名为 IRB260。

（6）在“建模”菜单中，选择“Smart 组件”，在“布局”浏览器中，将工具 tCarry 拖入新建的 SmartComponent_1 中，右击工具“tCarry”，选择“设定为 Role”，如图 4-84 所示。

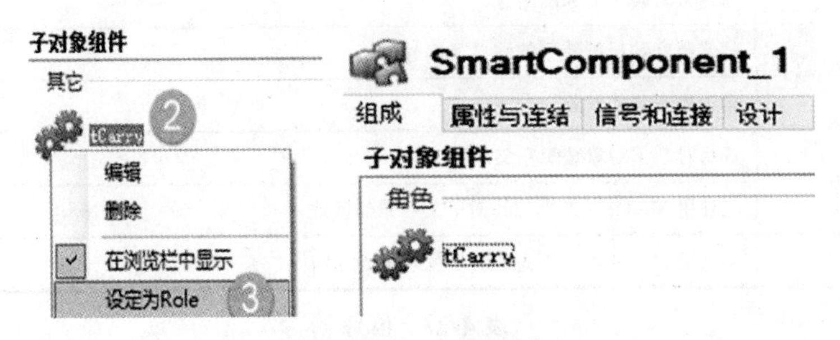

图 4-84　智能组件

（7）安装对象（Attacher）。

a. 单击“添加组件”，选择“动作”“Attacher”，安装一个对象，如图 4-85 所示。

b. 右击“Attacher”，选择“属性”，在“属性”对话框中，Parent 设定为搬运工具 tCarry，Child 设定为被搬运对象 Box，勾选“Mount”（挂载），单击“应用”，如图 4-86 所示。

设置 Execute 信号时，Attacher 将 Child 安装到 Parent 上。如果 Parent 为机械装置，

还必须指定要安装的 Flange。设置 Execute 输入信号时，子对象将安装到父对象上。如果选中 Mount，还会使用指定的 Offset 和 Orientation 将子对象装配到父对象上。完成时，将设置 Executed 输出信号。见表 4-36 和表 4-37。

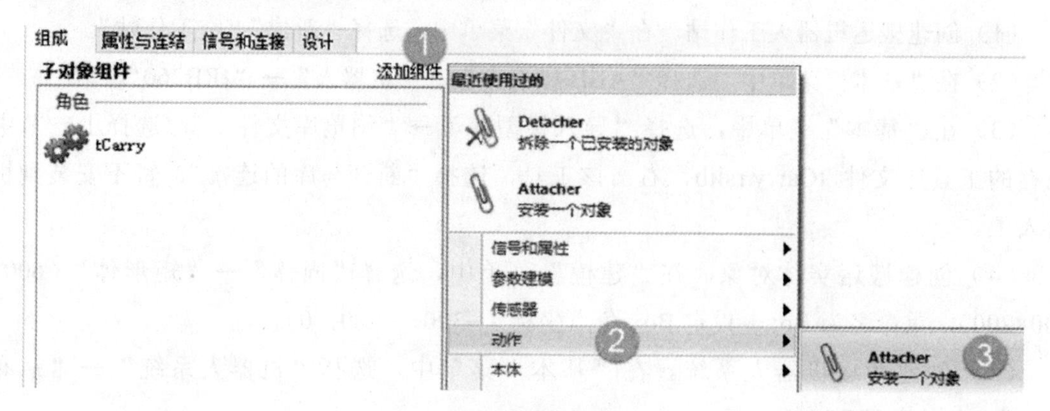

图 4-85　安装对象

表 4-36　Attacher 操作对话框可用控件

属　性	描　述
Parent	指定被安装子对象的对象
Flange	指定被安装机械装置的法兰（编号）
Child	指定要安装的对象
Mount	选择时，子对象装配在父对象上
Offset	当使用 Mount 时，指定相对于父对象的位置
Orientation	当使用 Mount 时，指定相对于父对象的方向

表 4-37　信号

信　号	描　述
Execute	将该信号设为 True 开始旋转对象，设为 False 时停止
Executed	当操作完成时设为 1

（8）拆除已安装对象（Detacher）。类似方法拆除已安装对象，单击“添加组件”，选择“动作”→“Detacher”，拆除已安装对象，如图 4-87 所示。

设置 Execute 信号时，Detacher 会将 Child 从其所安装的父对象上拆除。如果选中了 Keep position，位置将保持不变。否则相对于其父对象放置子对象的位置。完成时，将设置 Executed 信号。见表 4-38 和表 4-39。

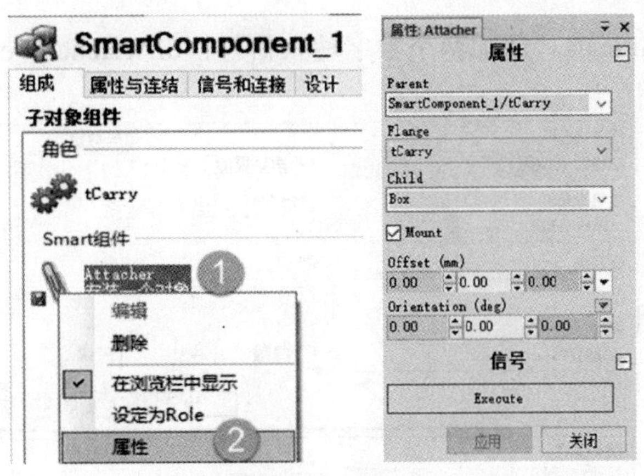

图 4-86 挂载对象

表 4-38 Detacher 操作对话框可用控件

属　性	描　述
Child	指定要拆除的对象
KeepPosition	如果为 False，被安装的对象将返回其原始的位置

表 4-39 信号

信　号	描　述
Execute	设该信号为 True 移除安装的物体
Executed	当完成时发出脉冲

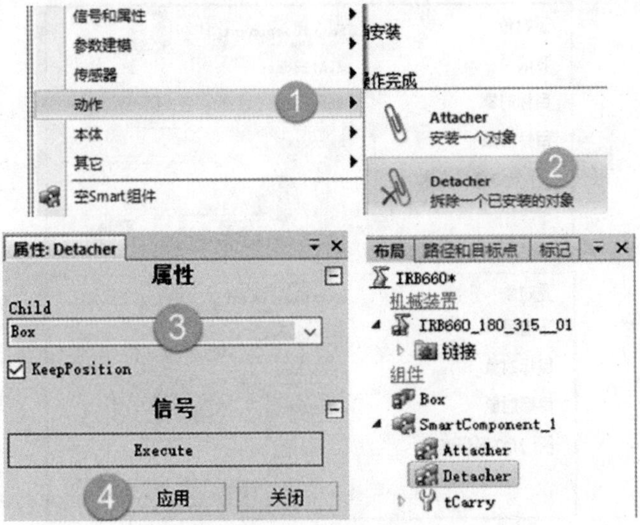

图 4-87 拆卸对象

（9）添加 I/O Signals。添加两个数字输入信号：diAttacher、diDetacher，如图 4-88 所示。

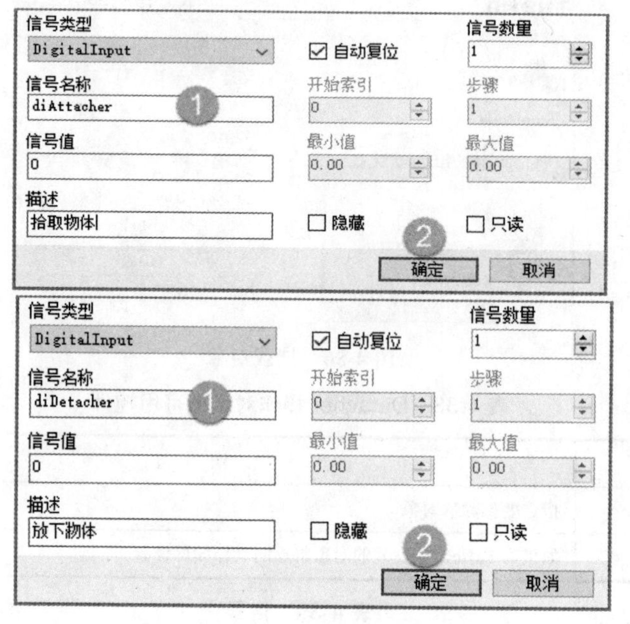

图 4-88　添加信号

（10）添加 I/O Connection，信号与事件关联，diAttacher 与 Attacher 关联，diDetacher 与 Detacher 关联，如图 4-89 所示。

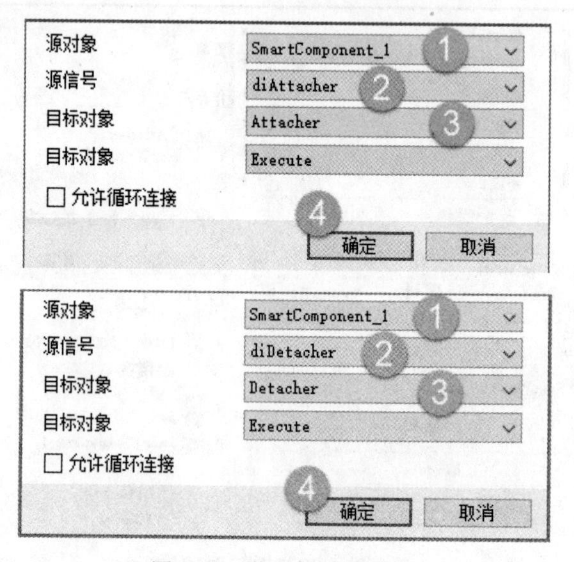

图 4-89　信号与事件关联

SmartComponent_1 的信号和连接，如图 4-90 所示。

IRB6660:视图1　SmartComponent_1 ×

SmartComponent_1　描述　English

组成　属性与连结　信号和连接　设计

I/O 信号

名称	信号类型	值
diAttacher	DigitalInput	0
diDetacher	DigitalInput	0

添加I/O Signals　展开子对象信号　编辑　删除

I/O连接

源对象	源信号	目标对象	目标对象
SmartComponent_1	diAttacher	Attacher	Execute
SmartComponent_1	diDetacher	Detacher	Execute

添加I/O Connection　编辑　管理 I/O Connections　删除　上移　下移

图 4-90　信号和连接

（11）拖动 SmartComponent_1 到机器人上，安装此组件，如图 4-91 所示。

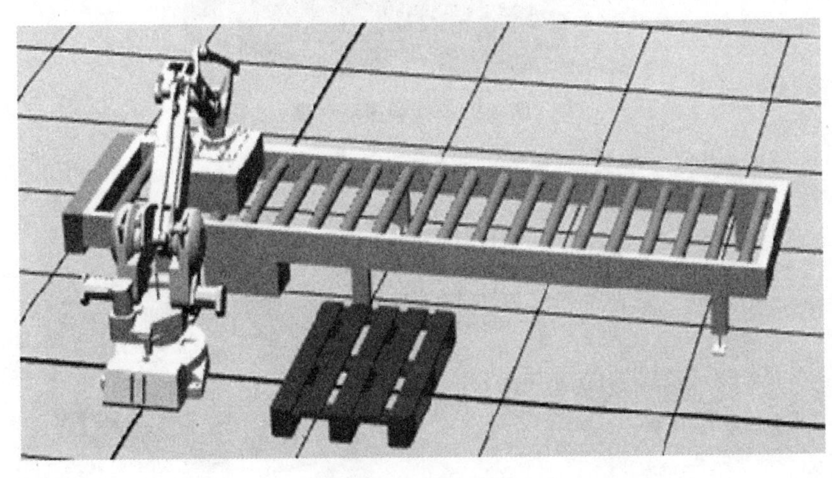

图 4-91　机器人系统

（12）搬运测试。

a. 挂载搬运对象。右击“布局”浏览器中机器人，选择“机械装置手动关节”，移动机器人至搬动对象附近。双击“SmartComponent_1”，单击“diAttacher”，挂载被搬运对象，如图 4-92 所示。

b. 释放搬运对象。选择“机械装置手动关节”，移动机器人至托盘上方，单击“diDetacher”，释放搬运对象，如图 4-93 所示。

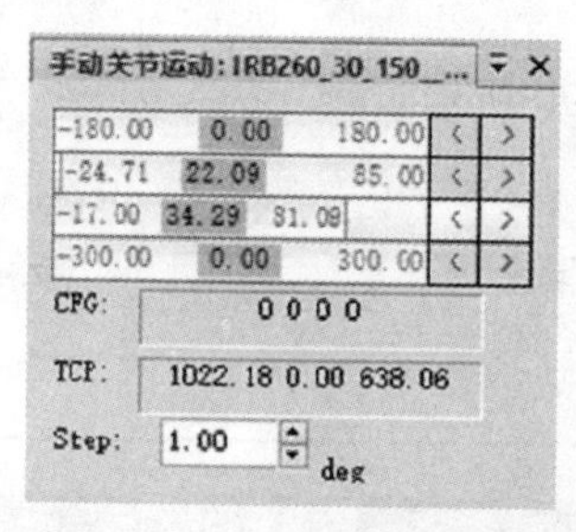

图 4-92　挂载搬运对象

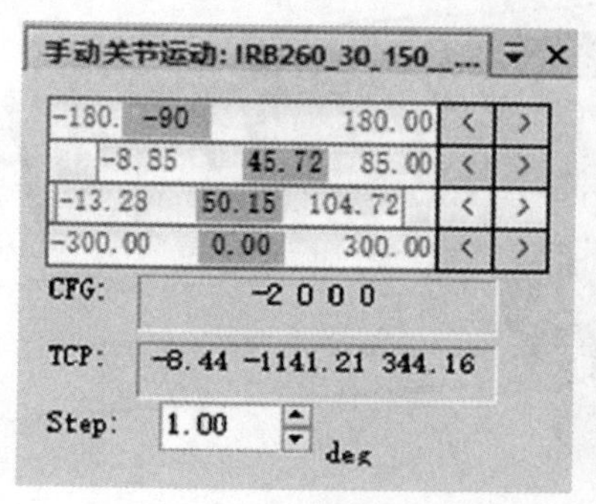

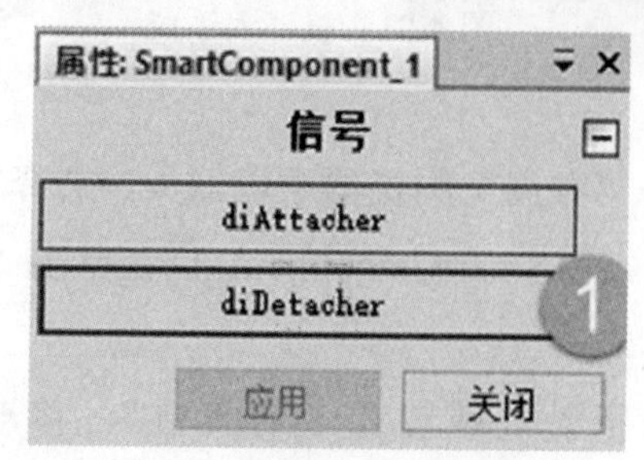

图 4-93　释放搬运对象

任务实施

本节任务实施见表 4-40 和表 4-41。

表 4-40 运用 Smart 组件搬运物体任务书

姓　名		任务名称	运用 Smart 组件搬运物体
指导教师		同组人员	
计划用时		实施地点	
时　间		备　注	
任 务 内 容			
1. 创建用户自定义工具。 2. 创建简单的搬运机器人系统。			
考核项目	创建用户自定义工具		
	创建简单的搬运机器人系统		
资　料	工　具	设　备	
教材		计算机	

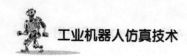

表 4-41　运用 Smart 组件搬运物体任务完成报告

姓　　名		任务名称	运用 Smart 组件搬运物体
班　　级		同组人员	
完成日期		实施地点	

操作题

在完成 4.4 节任务报告的基础上，编辑 Smart 组件，添加属性连接（见图 4-94），使机器人将工件盒子从一个位置搬运到另一个位置，测试运行程序，完成简单搬运，如图 4-95 所示。

属性连结

源对象	源属性	目标对象	目标属性
LineSensor	SensedPart	Attacher	Child
Attacher	Child	Detacher	Child

图 4-94　添加属性连接

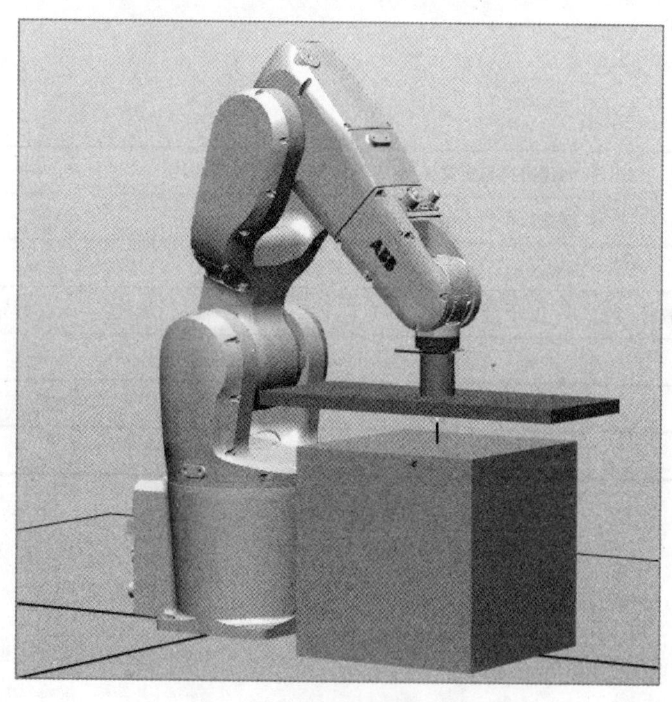

图 4-95　简单搬运

任务评价

本章任务评价见表 4-42。

表 4-42　任务评价表

<table>
<tr><td>任务名称</td><td colspan="5">RAPID 高级应用</td></tr>
<tr><td>姓　　名</td><td colspan="2"></td><td>学　　号</td><td colspan="2"></td></tr>
<tr><td>任务时间</td><td colspan="2"></td><td>实施地点</td><td colspan="2"></td></tr>
<tr><td>组　　号</td><td colspan="2"></td><td>指导教师</td><td colspan="2"></td></tr>
<tr><td>小组成员</td><td colspan="5"></td></tr>
<tr><td>检查内容</td><td colspan="5"></td></tr>
<tr><td rowspan="2">评价项目</td><td rowspan="2" colspan="2">评价内容</td><td rowspan="2">配分</td><td colspan="2">评价结果</td></tr>
<tr><td>自评</td><td>教师</td></tr>
<tr><td rowspan="2">资讯</td><td colspan="2">1．明确任务学习目标</td><td>5</td><td></td><td></td></tr>
<tr><td colspan="2">2．查阅相关学习资料</td><td>10</td><td></td><td></td></tr>
<tr><td rowspan="3">计划</td><td colspan="2">1．分配工作小组</td><td>3</td><td></td><td></td></tr>
<tr><td colspan="2">2．小组讨论考虑安全、环保、成本等因素，制订学习计划</td><td>7</td><td></td><td></td></tr>
<tr><td colspan="2">3．教师是否已对计划进行指导</td><td>5</td><td></td><td></td></tr>
<tr><td rowspan="11">实施</td><td rowspan="6">准备工作</td><td>1．掌握 ScreenMaker 功能和使用方法</td><td>5</td><td></td><td></td></tr>
<tr><td>2．了解事件管理器窗口</td><td>5</td><td></td><td></td></tr>
<tr><td>3．掌握创建事件管理的方法</td><td>5</td><td></td><td></td></tr>
<tr><td>4．熟悉事件管理器测试</td><td>5</td><td></td><td></td></tr>
<tr><td>5．掌握运用 Smart 组件搬运物体</td><td>5</td><td></td><td></td></tr>
<tr><td>6．掌握程序指令的运用方法</td><td>5</td><td></td><td></td></tr>
<tr><td rowspan="5">技能训练</td><td>1．能获取 FlexPendant SDK 资源并使用</td><td>6</td><td></td><td></td></tr>
<tr><td>2．能掌握事件管理器窗口中各个界面</td><td>6</td><td></td><td></td></tr>
<tr><td>3．掌握创建机械装置、设定 I/O 信号以及创建新的事件的方法</td><td>6</td><td></td><td></td></tr>
<tr><td>4．能熟练 Smart 组件术语、会灵活创建和调用 Smart 组件</td><td>6</td><td></td><td></td></tr>
<tr><td>5．能运用 Smart 组件搬运物体</td><td>6</td><td></td><td></td></tr>
<tr><td rowspan="3">安全操作与环保</td><td colspan="2">1．工装整洁</td><td>2</td><td></td><td></td></tr>
<tr><td colspan="2">2．遵守劳动纪律，注意培养一丝不苟的敬业精神</td><td>3</td><td></td><td></td></tr>
<tr><td colspan="2">3．严格遵守本专业操作规程，符合安全文明生产要求</td><td>5</td><td></td><td></td></tr>
<tr><td rowspan="2">总结</td><td colspan="5">你在本次任务中有什么收获：</td></tr>
<tr><td colspan="5">反思本次学习的不足，请说说下次如何改进。</td></tr>
<tr><td>综合评价
（教师填写）</td><td colspan="5"></td></tr>
</table>

第5章

应 用 实 例

ABB 工业机器人应用广泛，其主要用于工业生产中的装配、搬运、码垛、焊接、涂胶等工艺。本章主要介绍弧焊仿真应用工作站和象棋对弈仿真应用工作站，旨在让读者对 RobotStudio 仿真软件的虚拟仿真功能有进一步的了解，并掌握相关操作技巧。

知识目标

（1）掌握弧焊 I/O 系统配置的方法；

（2）掌握创建工具和工件数据的方法；

（3）了解创建弧焊参数的方法；

（4）了解基本的上位机与仿真软件通信知识；

（5）掌握仿真系统创建的相关知识；

（6）掌握 RAPID 代码的编程知识。

技能目标

（1）能完成弧焊 I/O 系统配置；

（2）能创建工具和工件数据；

（3）能创建弧焊参数；

（4）能通过不同的通信协议进行信号传输；

（5）学会运用 smart 组件控制机器人的捕捉和释放功能；

（6）学会运用机器人下象棋功能。

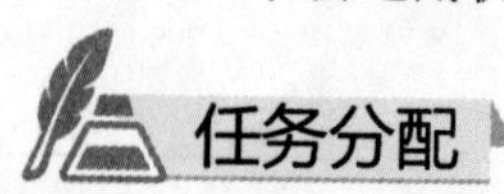

5.1　弧焊工作站

5.2　下象棋工作站

5.1 弧焊工作站

本节介绍弧焊的工作站，其中包括配置弧焊 I/O 系统、创建工具和工件数据，以及创建弧焊参数。

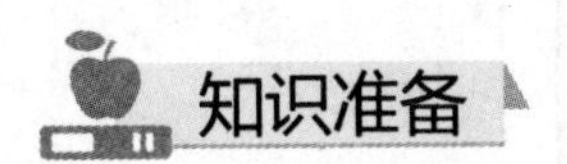

5.1.1 弧焊配置

1．弧焊系统组成

弧焊的系统组成如图 5-1 所示。

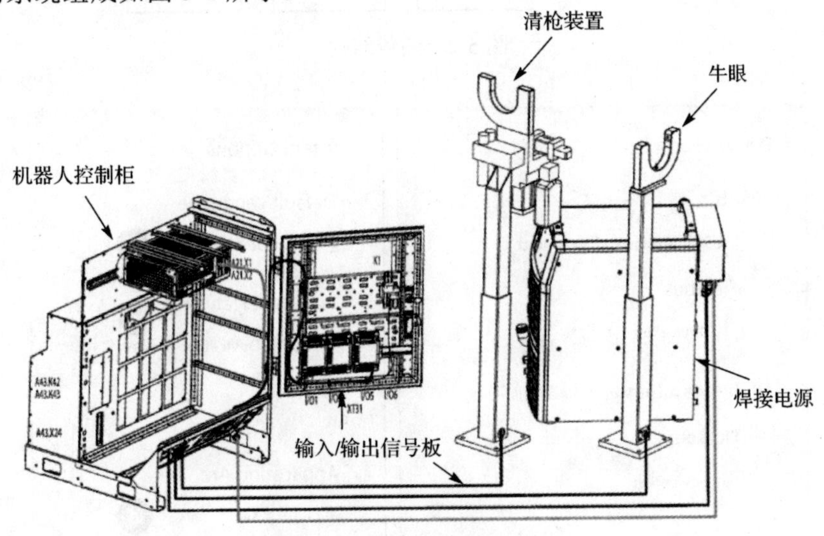

图 5-1 弧焊系统组成

2．弧焊系统通信结构

弧焊通信结构如图 5-2 所示，清枪系统、夹具为可选项，如图 5-3 所示。

3．弧焊配置：通信板

ABB 工业机器人使用模拟量和数字量控制焊接电源。

（1）弧焊信号板：AD COMBI I/O DSQC 651 3HAC025784-001，如图 5-4(a)所示。

● 2 个模拟量输出（0～10V）。

- 8 个数字输出。
- 8 个数字输入。

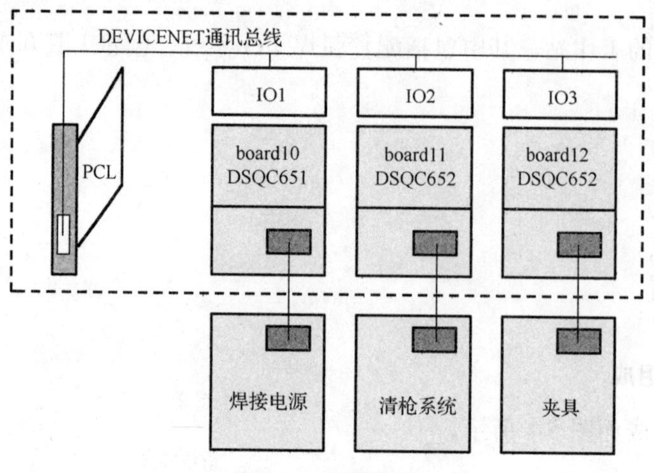

图 5-2 通信结构

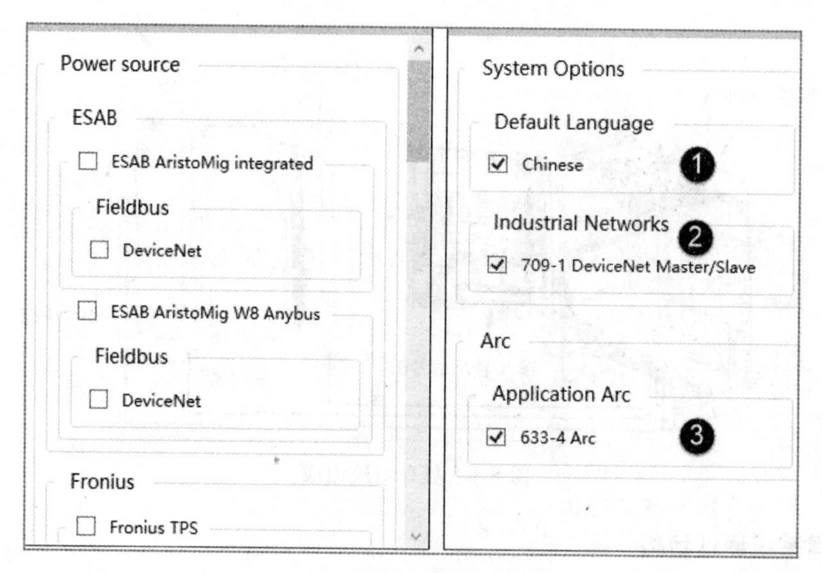

图 5-3 机器人系统选项

（2）数字信号板：DIGITAL 24V I/O DSQC 652 3HAC025917-001，如图 5-4(b)所示。

- 16 个数字输出；
- 16 个数字输入。

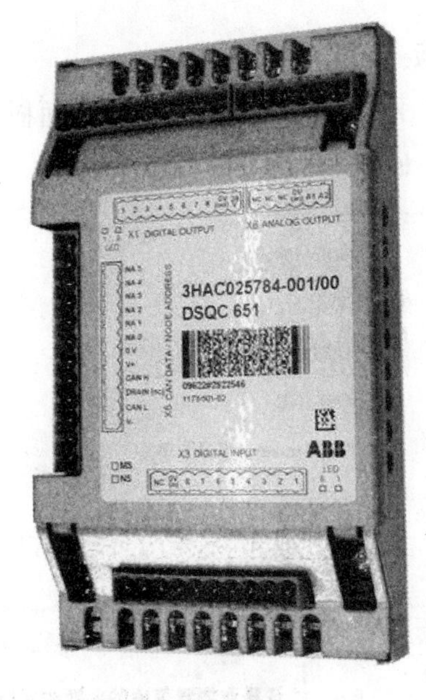

(a) DSQC 651

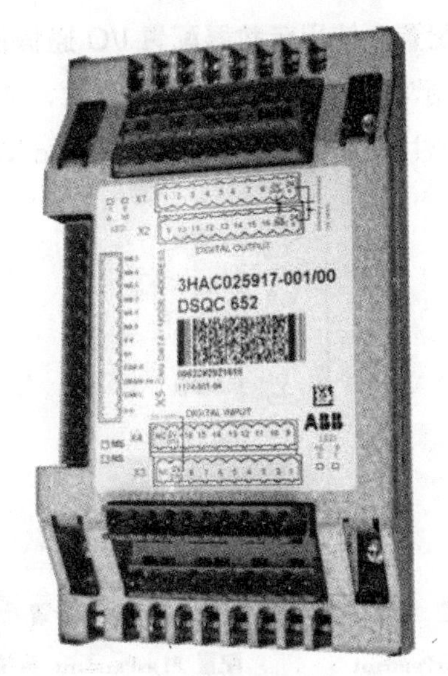

(b) DSQC 652

图 5-4 通信板

4．弧焊配置：弧焊系统输入/输出信号定义

弧焊系统常用输入/输出信号见表 5-1。

表 5-1 弧焊系统常用输入/输出信号

信号名	关联对象	类型	地址	说明
aoFeed_REF	CurrentReference	AO	0～15	控制焊接电流或送丝速度
aoWeld_REF	VoltReference	AO	16～31	控制焊接电压
doWeldOn	WeldOn*	DO	32	起弧控制
doGasOn	GasOn	DO	33	送气控制
doFeedOn	FeedOn	DO	34	点动送丝控制，如果与正常送丝未隔离，此信号不能配置，否则焊接过程中会出现错
doFeedOnBwd	FeedOnBwd	DO	35	手动抽丝信号
diArcEst	ArcEst*	DI	0	起弧信号成功后，焊机通过此信号通知机器人开始运动
diGasOK	GasOk	DI	1	保护气检测信号
diFeedOK	WirefeedOk	DI	2	送丝检测信号
diWaterOK	WaterOk	DI	3	冷却水监测信号

注：表中带*为必须定义信号。

5. 弧焊配置：使用示教器配置 I/O 通信板

（1）打开示教器，选择手动控制模式，在 ABB 主菜单中的“控制面板”中选择“配置”（默认 I/O 主题）→“DeviceNet Device”，如图 5-5 所示。

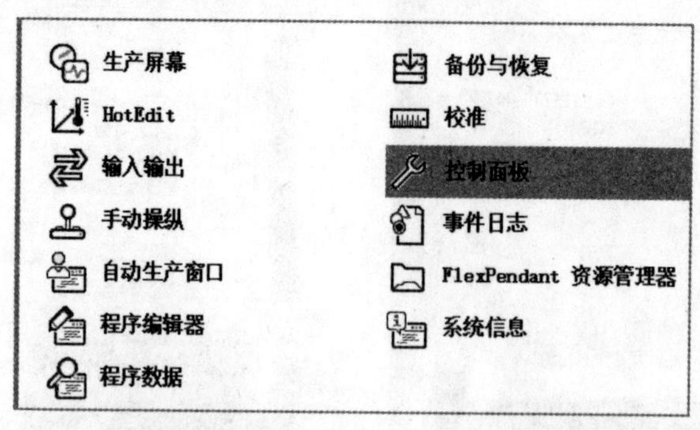

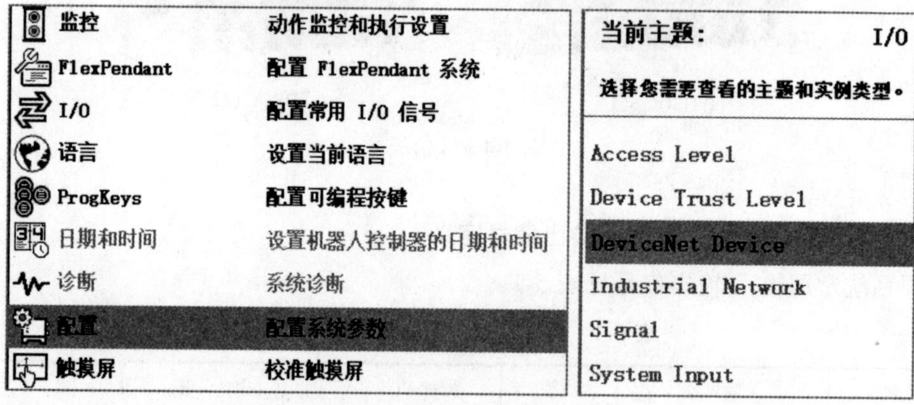

图 5-5　DeviceNet Device 菜单

（2）双击“DeviceNet Device”，单击“添加”，选择“使用来自模板的值”→“DSQC 651 Combi I/O Device”，修改名称（Board10）、地址(10)，如图 5-6 所示。

（3）定义数字信号

在 I/O 主题界面，双击“Signal”，单击“添加”，选择“参数设定”。类似的方法定义数字信号 doGasOn、doFeedOn、doFeedOnBwd、diArcEst、diGasOK、diFeedOK、diWaterOK 等，如图 5-7 所示。

（4）定义模拟信号

在 I/O 主题界面，双击“Signal”，单击“添加”，选择“参数设定”。类似的方法可以定义模拟量信号 aoFeed_REF、aoWeld_REF，如图 5-8 所示。模拟输出信号定义见表 5-2。

注意：Default Value（默认值）必须大于或等于 Mininum Logical Value。

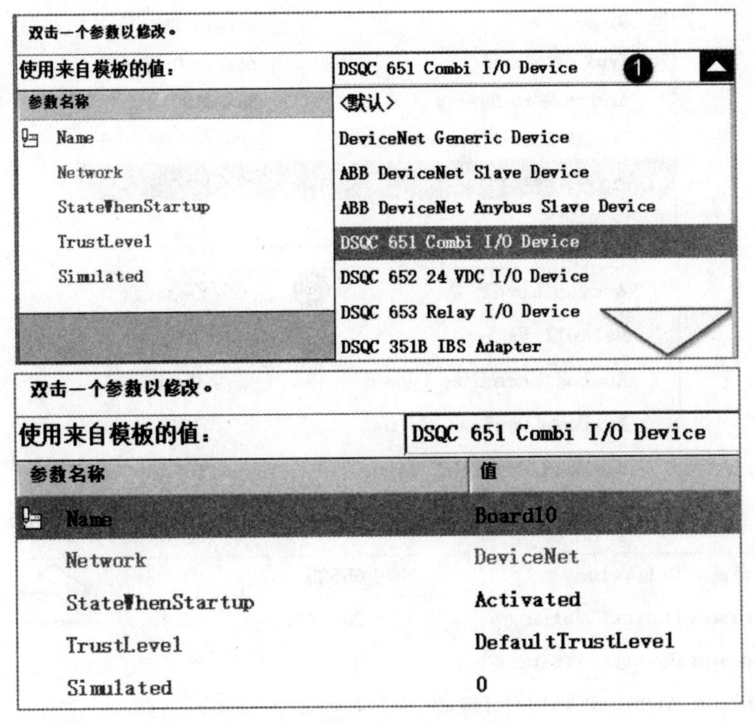

图 5-6 使用来自模板的值

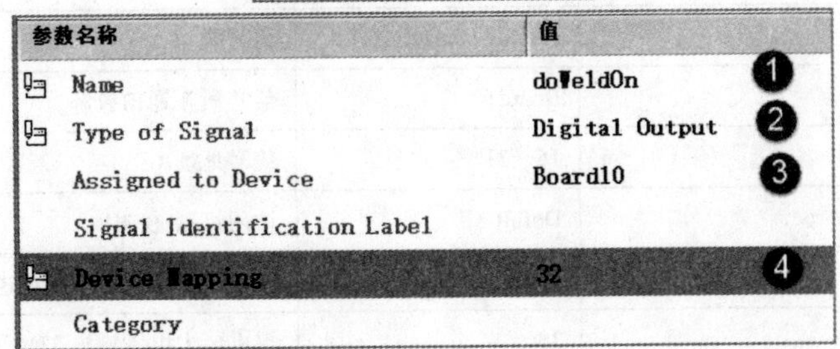

1—信号名称；2—信号类型；3—当前信号所在板卡名称；4—信号地址（与接线一致）

图 5-7 数字信号定义

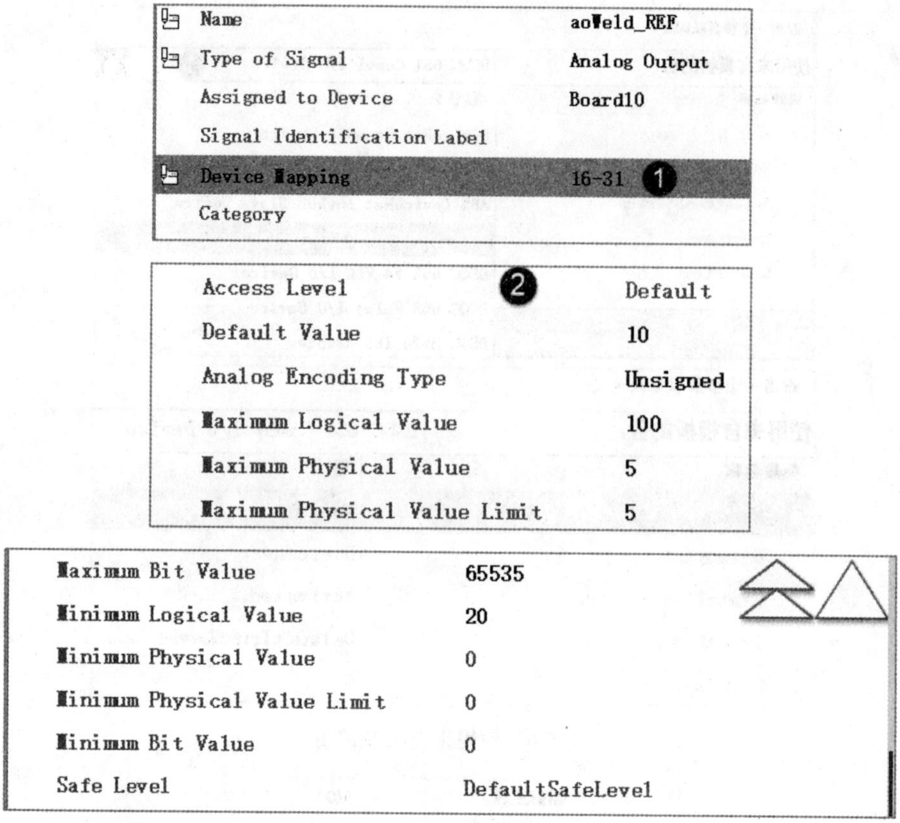

Name	aoWeld_REF
Type of Signal	Analog Output
Assigned to Device	Board10
Signal Identification Label	
Device Mapping	16-31 ❶
Category	

Access Level ❷	Default
Default Value	10
Analog Encoding Type	Unsigned
Maximum Logical Value	100
Maximum Physical Value	5
Maximum Physical Value Limit	5
Maximum Bit Value	65535
Minimum Logical Value	20
Minimum Physical Value	0
Minimum Physical Value Limit	0
Minimum Bit Value	0
Safe Level	DefaultSafeLevel

1—地址；2—访问权限

图 5-8　模拟量信号定义

表 5-2　模拟输出信号定义

参　　数	值	说　　明
Name	aoWeld_REF	信号名称
Type of signal	Analog Output	信号类型
Assigned to Unit	Board10	信号所在通信板
Unit Mapping	15～31	信号地址
Access Level	Defult	访问级别(权限)
Default Value	10	该值须大于或等于最小逻辑值
Maximun Logical Value	38	焊机最大电压输出 38V
Maximun Physical Value	8	最大电压输出时，I/O 板输出电压
Maximun Physical Value Limit	8	I/O 板最大输出电压上限值

续表

参 数	值	说 明
Maximun Bit Value	65535	最大逻辑位值，16 位
Minimun Logical Value	10	焊机最小电流输出
Mininum Physical Value	0	最小输出电流时，I/O 板输出电压
Mininum Physical Value Limit	0	I/O 板最小输出电压下限
Mininum Bit Value	0	最小逻辑位值

6．常用信号关联

Process 主题界面，如图 5-9 所示，显示了用于控制焊接参数的所有菜单，双击“ARC Equipment”，双击“ARC1_EQUIP_T_ROB1”，配置焊接设备，如图 5-10 所示。

StandardIO：采用焊接系统标准信号。

T_ROB1：机器人采用的焊接系统。

StdIO_T_ROB1：采用的焊接设备属性。

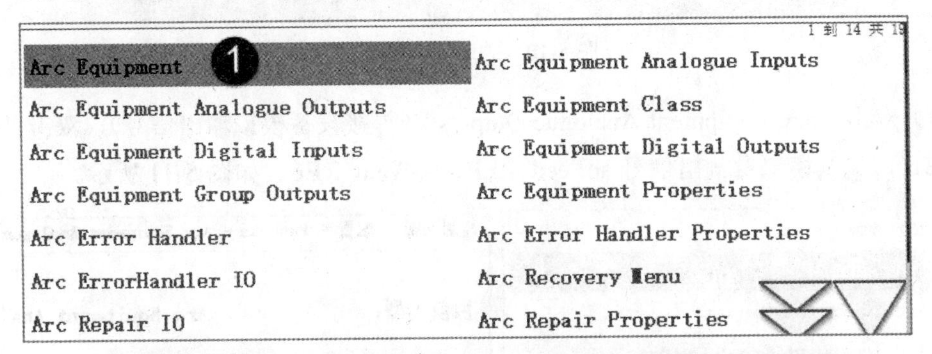

参数名称	值
Name	ARC1_EQUIP_T_ROB1
Welder Type	StandardIO ②
Loaded in robot	T_ROB1 ③
Use Arc Equipment Class	stdIO_T_ROB1 ④
Use Arc Equipment Properties	ARC1_stdIO_T_ROB1

图 5-9 焊接设备属性

弧焊系统常用输入/输出信号进行信号关联。关联的实例类型如图 5-10 所示。

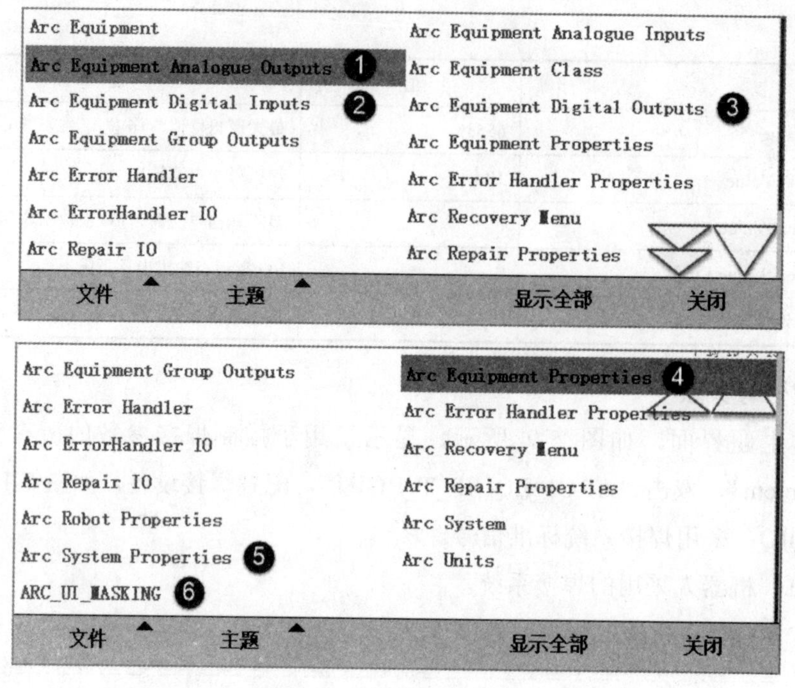

图 5-10　关联的实例类型

（1）双击“Arc Equipment Analogue Outputs”（焊接设备模拟输出信号），双击“stdIO_T_TOB1”，关联模拟量输出信号 aoFeed_REF、aoWeld_REF，如图 5-11 所示。

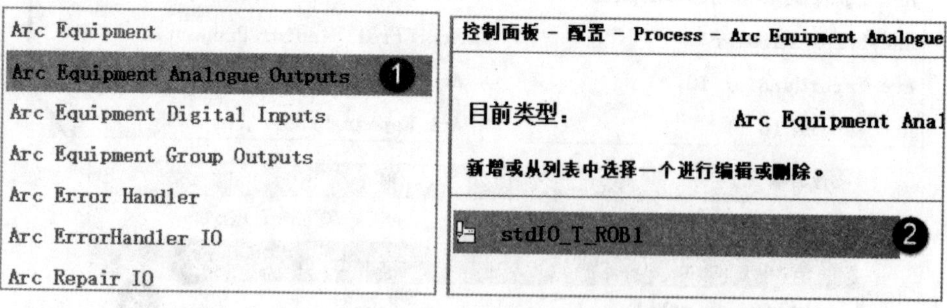

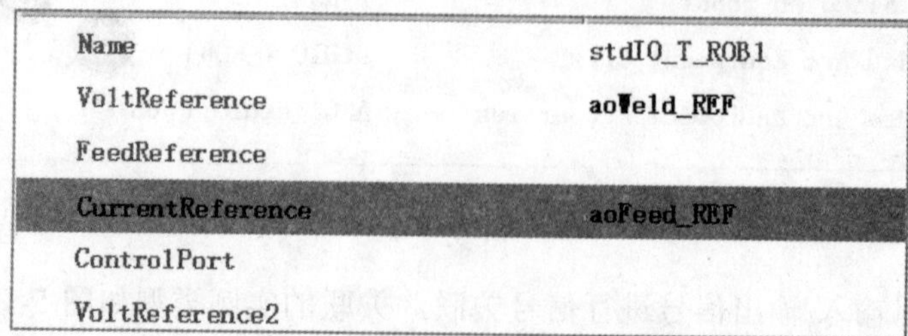

图 5-11　关联模拟量输出信号

（2）双击“Arc Equipment Digital Inputs”（焊接设备数字输入信号），双击“stdIO_T_TOB1”，关联数字输入信号 diArcEst、diGasOK、diFeedOK、diWaterOK 等，如图 5-12 所示。

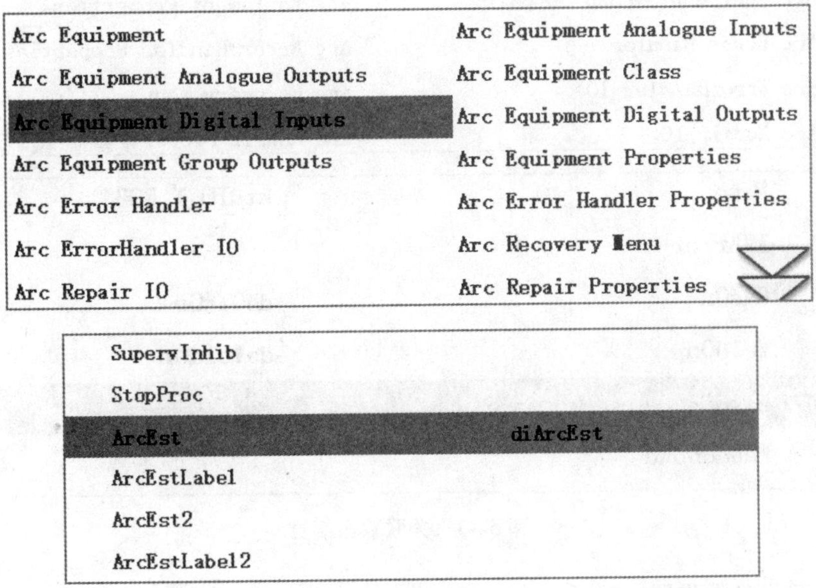

Arc Equipment	Arc Equipment Analogue Inputs
Arc Equipment Analogue Outputs	Arc Equipment Class
Arc Equipment Digital Inputs	Arc Equipment Digital Outputs
Arc Equipment Group Outputs	Arc Equipment Properties
Arc Error Handler	Arc Error Handler Properties
Arc ErrorHandler IO	Arc Recovery Menu
Arc Repair IO	Arc Repair Properties

SupervInhib	
StopProc	
ArcEst	diArcEst
ArcEstLabel	
ArcEst2	
ArcEstLabel2	

图 5-12 关联输入信号

注意：送丝检测信号、送气检测信号需要接线。如果不需要，只关联 diArcEst 即可。

（3）双击“Arc Equipment Digital Outputs”（焊接设备数字输出信号），双击“stdIO_T_TOB1”，关联数字输出信号 doWeldOn、doGasOn、doFeedOn、doFeedOnBwd 等，如图 5-13 所示。

（4）双击 Arc Equipment Properties（焊接设备属性）。

（a）Preconditions On。

True：开启焊接条件检测（水、气等)。

False：不检测焊接条件。

（b）Ignition On。

True：可在 seamdata 中配置引弧电流、电压，开启焊接引弧段。

False：不能配置引弧电流、电压。

（c）Heat On。

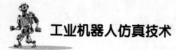

Arc Equipment	Arc Equipment Analogue Inputs
Arc Equipment Analogue Outputs	Arc Equipment Class
Arc Equipment Digital Inputs	Arc Equipment Digital Outputs
Arc Equipment Group Outputs	Arc Equipment Properties
Arc Error Handler	Arc Error Handler Properties
Arc ErrorHandler IO	Arc Recovery Menu
Arc Repair IO	Arc Repair Properties

Name	stdIO_T_ROB1
AWError	
GasOn	doGasOn
WeldOn	doWeldOn
FeedOn	doFeedOn
FeedOnBwd	

图 5-13　关联输出信号

开启热起弧参数设置。

True：seamdata 中显示热起弧电流、电压与距离参数，并可配置参数。

False：不对热起弧参数进行配置。

（d）Fill On。

填弧坑参数设置

True：seamdata 中显示填弧坑电流、电压、填弧坑时间与冷却时间。可配置这些参数。

False：不对填弧坑参数设置。

（e）Burnback On。

True：在 seamdata 显示回烧时间，可配置该时间（焊机需有此功能）。

False：不设置回烧时间。

（f）Autoinhibit On。

True：焊接锁定功能在自动模式下也起作用。

（g）Arc Preset(num)。

焊接开始前等待模拟信号稳定时间，机器人将焊接电流与电压预先发给焊接系统，单位：s。比如，设置为 1，表示焊接开始前 1 秒。

（h）Ignition Timeout：引弧过程允许的最长时间。

（i）Arc OK Delay：焊接开始时电弧稳定需要的时间（ms）。

（5）双击 Arc System Properties（焊接系统属性）。

（a）Units：焊接参数的基本单位见表 5-3。

表 5-3 焊接参数基本单位

基本单位	描　述	焊接速度	送丝速度	长　度
SI_UNITS	国际标准	mm/s	mm/s	mm
US_UNITS	美国标准	ipm	ipm	inch
WELD_UNITS	焊接标准	mm/s	m/min	mm

（b）Restart On（bool）。

True：开启自动断弧重试功能。

False：起弧失败后，不重复起弧。

（c）Restart Distance(num)：断弧重试的退回距离。

（d）Number Of Retries(num)：断弧重试的最大次数，超过设定的次数后，机器人不再反复起弧。

（e）Scrape On(bool)。

True：开启刮擦起弧功能，在 seamdata 中设置。

False：不采用刮擦起弧。

（f）Scrape Option On(bool)，刮擦起弧选项设置。

True：可设置刮擦起弧参数，如电流、电压等。

False：不能设置参数。

（g）Scrape Width(num)，刮擦行走的宽度。

（h）Scrape Direction（num）：刮擦起弧方向

0：垂直于焊缝进行刮擦起弧。

90：平行于焊缝进行刮擦起弧。

（i）Scrape Scycle Time(num)，刮擦行走一个周期的时间，单位：s。

（j）Ignition Move Delay On (bool)，起弧成功后，机器人等待时间设置。

True：可设置等待时间，机器人再开始运动。在 seamdata 会出现延时选项，单位：s。

False：机器人直接开始运动。

（k）Motion Time Out(num)。

用于“MultiMove”系统中，表示两台机器人同时起弧时允许的时间差，如果超过这个时间差，系统会报错。

（6）双击“ARC_UI_MASKING”（设置用户界面是否可见）。

（a）HeatAsTime 为 true，使用时间定义加热段，否则为距离。

（b）Uses Voltage 为 true，焊接电压参数可见。

（c）Uses Current 为 true，焊接电流参数可见。

（d）Uses Wirefeed 为 true，焊接送丝速度参数可见。

Uses Current 与 Uses Wirefeed，只能有一个为 true，通常使用焊接送丝速度代替电流，焊接参数中电流不显示。

焊接所需的基本参数配置完成后，重启控制器。

7．焊接参数

焊接的三个重要参数：Seam Data、Weld Data、Weave Data。

1）Seam Data

Seam Data（起弧收弧参数）是控制焊接开始前和结束后吹保护气的时间长度，以保证焊接时的稳定性和焊缝的完整性。

打开示教器，在 ABB 主菜单中单击“程序数据”，选择“SeamData”（如果不存在，在视图中选择全部数据类型），单击“新建”，如图 5-14 所示。

Purge_time：焊接开始前，清理枪管中空气的时间，单位为秒（s），这个时间不影响焊接的时间。

Preflow_time：预送气时间，单位为秒（s），焊枪到达焊接位置，保护焊接工件。

PostFlow_time：尾送气时间，继续保护焊缝，单位为秒（s）。

2）Weld Data

Weld Data（焊接参数）是用来控制在焊接过程中机器人的焊接速度以及焊机输出的电压和电流的大小。

打开示教器，在 ABB 主菜单中单击“程序数据”，选择“WeldData”（如果不存在，在视图中选择全部数据类型），单击“新建”，如图 5-15 所示。

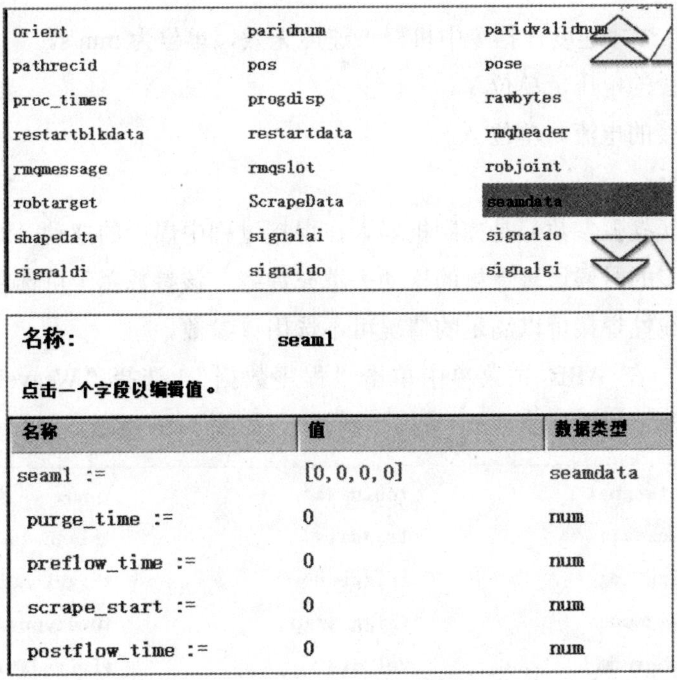

orient	paridnum	paridvalidnum
pathrecid	pos	pose
proc_times	progdisp	rawbytes
restartblkdata	restartdata	rmqheader
rmqmessage	rmqslot	robjoint
robtarget	ScrapeData	seamdata
shapedata	signalai	signalao
signaldi	signaldo	signalgi

名称: seam1

点击一个字段以编辑值。

名称	值	数据类型
seam1 :=	[0,0,0,0]	seamdata
purge_time :=	0	num
preflow_time :=	0	num
scrape_start :=	0	num
postflow_time :=	0	num

图 5-14 创建 Seamdata

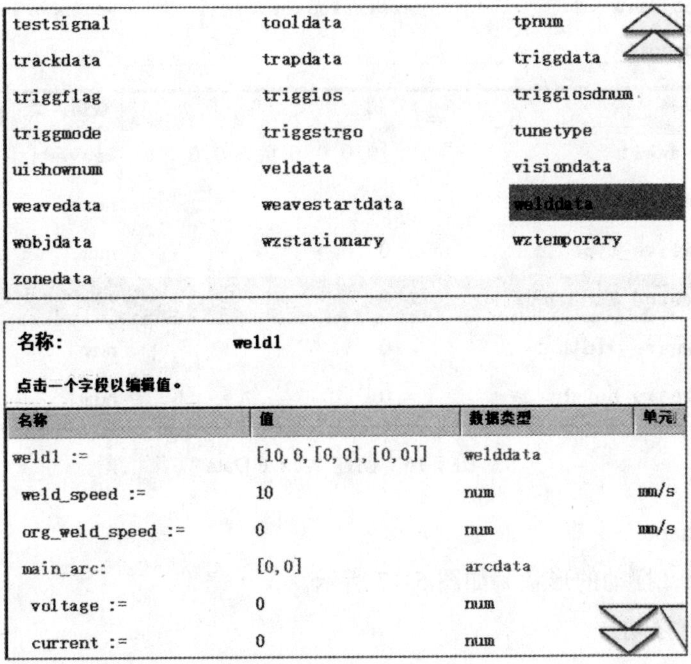

testsignal	tooldata	tpnum
trackdata	trapdata	triggdata
triggflag	triggios	triggiosdnum
triggmode	triggstrgo	tunetype
uishownum	veldata	visiondata
weavedata	weavestartdata	welddata
wobjdata	wzstationary	wztemporary
zonedata		

名称: weld1

点击一个字段以编辑值。

名称	值	数据类型	单元
weld1 :=	[10,0,[0,0],[0,0]]	welddata	
weld_speed :=	10	num	mm/s
org_weld_speed :=	0	num	mm/s
main_arc:	[0,0]	arcdata	
voltage :=	0	num	
current :=	0	num	

图 5-15 创建 Weld Data

Weld_speed：焊接速度，指令中机器人速度无效，单位为 mm/s。

Voltage：焊接的电压，单位 V。

Current：焊接的电流，单位 A。

3）Weave Data

Weave Data（摆弧参数）是控制机器人在焊接过程中焊枪的摆动，通常在焊缝的宽度超过焊丝直径较多的时候通过焊枪的摆动去填充焊缝。该参数属于可选项，如果焊缝宽度较小，在机器人线性焊接可以满足的情况可不选用该参数。

打开示教器，在 ABB 主菜单中单击“程序数据”，选择“WeaveData”（如果不存在，在视图中选择全部数据类型），单击“新建”，如图 5-16 所示。

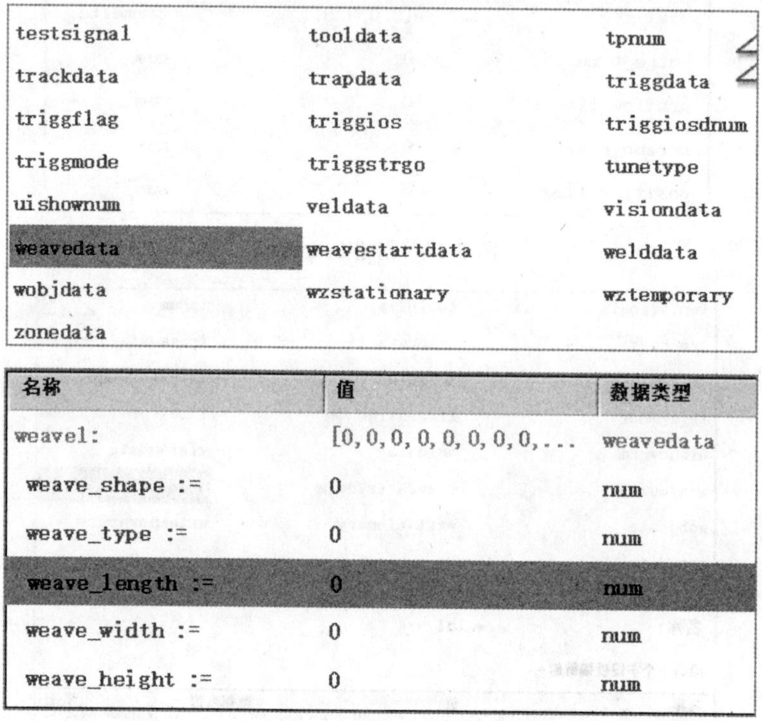

testsignal	tooldata	tpnum
trackdata	trapdata	triggdata
triggflag	triggios	triggiosdnum
triggmode	triggstrgo	tunetype
uishownum	veldata	visiondata
weavedata	weavestartdata	welddata
wobjdata	wzstationary	wztemporary
zonedata		

名称	值	数据类型
weave1:	[0,0,0,0,0,0,0,0,...	weavedata
weave_shape :=	0	num
weave_type :=	0	num
weave_length :=	0	num
weave_width :=	0	num
weave_height :=	0	num

图 5-16　创建 Weave Data

4）Weave shape

Weave shape（摆动的形状）如图 5-17 所示。

（1）0：没有摆动。

（2）1：Z 字形摆动。

（3）2：V 字形摆动。

（4）3：三角形摆动。

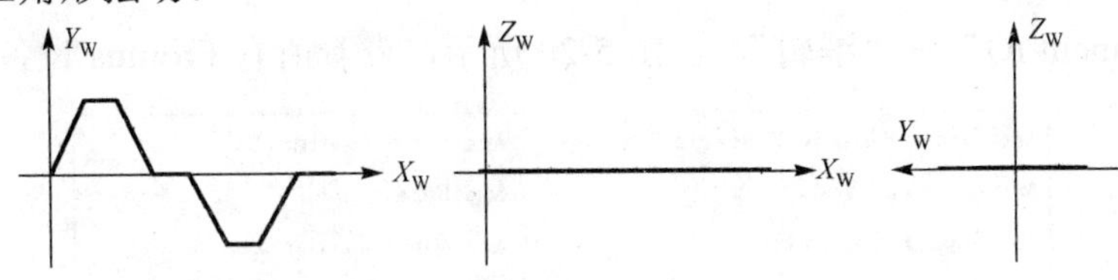

图 5-17 摆动形状

5）Weave type （摆动模式）

（1）0：机器人的 6 根轴都参与摆动。

（2）1：5、6 轴参数摆动。

（3）2：1、2、3 轴参与摆动。

（4）3：4、5、6 轴参与摆动。

6）Weave length

Weave length 表示一个摆动周期机器人的工具坐标向前移动的距离，如图 5-18 所示。

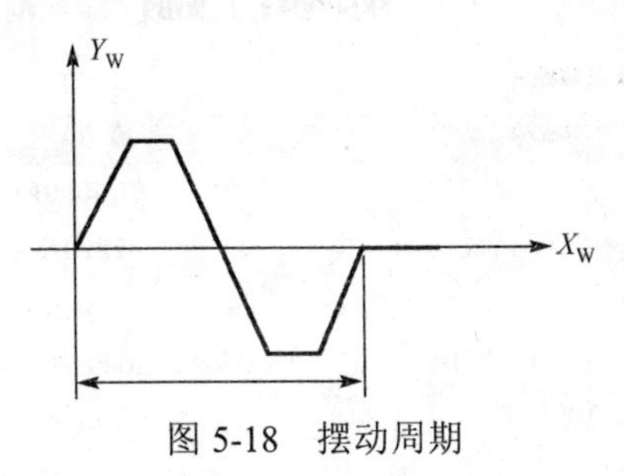

图 5-18 摆动周期

7）Weave Width

Weave Width 表示摆动宽度，如图 5-19 所示。

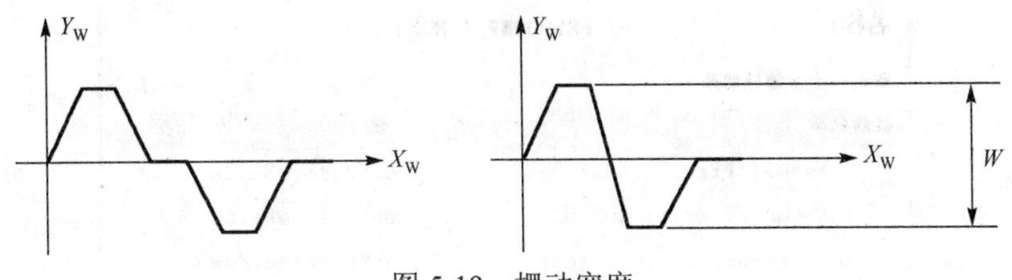

图 5-19 摆动宽度

8）Weave height

Weave height 表示摆动的高度，只有在三角摆动和 V 字摆动时此参数才有效。

8. Fronius 电源焊接参数

在示教器主菜单中，打开控制面板，选择“配置”→“主题”→“Process”→“Fronius Equipment IO”→“编辑”，如图 5-20 所示，查看所有 Fronius 设备接口定义。

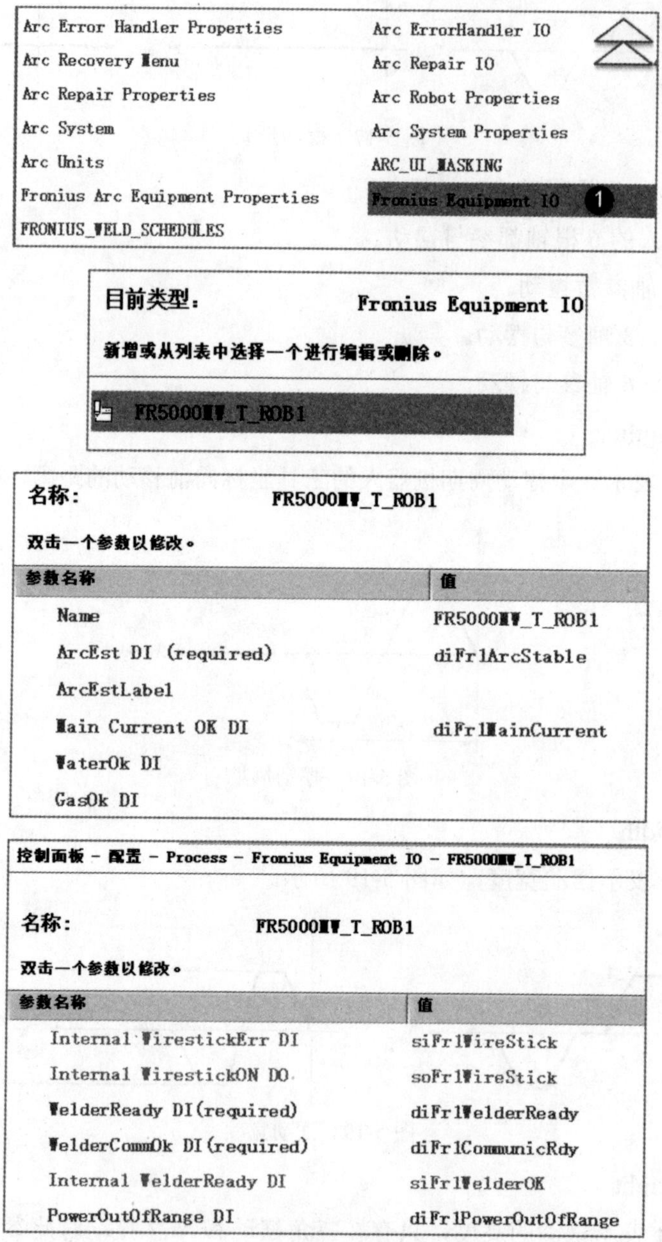

Arc Error Handler Properties
Arc ErrorHandler IO
Arc Recovery Menu
Arc Repair IO
Arc Repair Properties
Arc Robot Properties
Arc System
Arc System Properties
Arc Units
ARC_UI_MASKING
Fronius Arc Equipment Properties
Fronius Equipment IO ①
FRONIUS_WELD_SCHEDULES

目前类型： Fronius Equipment IO

新增或从列表中选择一个进行编辑或删除。

FR5000MV_T_ROB1

名称： FR5000MV_T_ROB1

双击一个参数以修改。

参数名称	值
Name	FR5000MV_T_ROB1
ArcEst DI (required)	diFr1ArcStable
ArcEstLabel	
Main Current OK DI	diFr1MainCurrent
WaterOk DI	
GasOk DI	

控制面板 - 配置 - Process - Fronius Equipment IO - FR5000MV_T_ROB1

名称： FR5000MV_T_ROB1

双击一个参数以修改。

参数名称	值
Internal WirestickErr DI	siFr1WireStick
Internal WirestickON DO	soFr1WireStick
WelderReady DI(required)	diFr1WelderReady
WelderCommOk DI(required)	diFr1CommunicRdy
Internal WelderReady DI	siFr1WelderOK
PowerOutOfRange DI	diFr1PowerOutOfRange

图 5-20 Fronius Equipment IO

对于 Fronius，ESAB，Miller ，Kemppi，OTC，Panasonic 等全型厂家的焊接电源，ABB 都有相应的标准接口软件。

9．焊接过程控制

焊接过程控制运行时序，如图 5-21 所示。

（1）T1：气管充气；

（2）T2：预先送气；

（3）T3：引弧动作延时；

（4）D/T4：加热距离/时间；

（5）T5：回烧时间；

（6）T6：冷却时间；

（7）T7：填弧坑时间；

（8）T8：焊道保护送气。

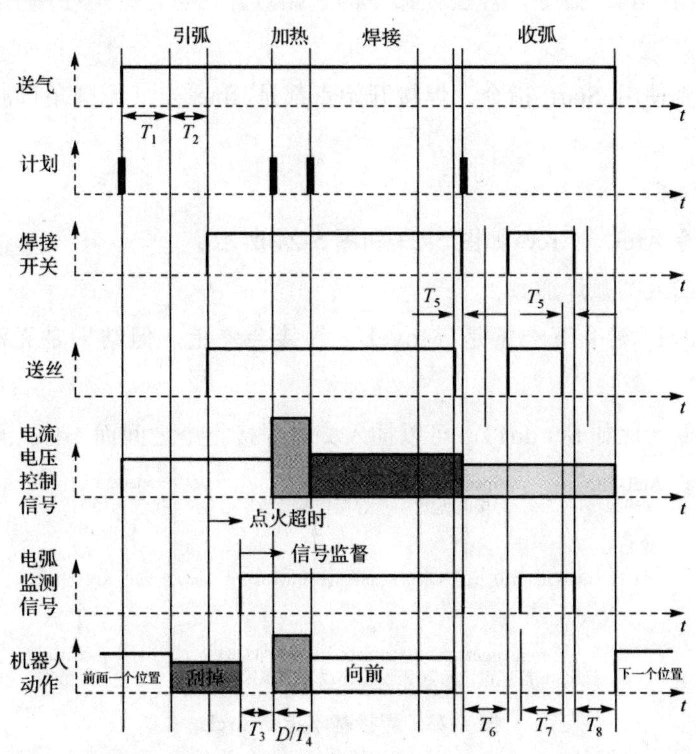

图 5-21 焊接过程控制时序图

10．焊接指令

1）ArcLStart、ArcCStart

焊接指令 ArcLStart 如图 5-22 所示。

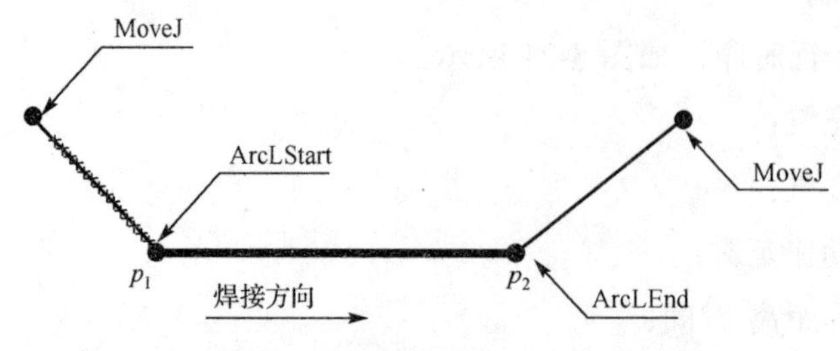

图 5-22　焊接指令 ArcLStart

（1）以直线或圆弧运动行走至焊道开始点，并提前做好焊接准备工作（注意：不执行焊接）。

（2）若直接用 ArcL 命令，焊接在命令的起始点开始执行，但在所有准备工作完成前机器人保持不动。

（3）无论是否使用 Start 指令，焊接开始点都是 fine 点（无圆角过渡），即使设置了 Zone 参数。

2）ArcL、ArcC

焊接基本指令 ArcL、ArcC 如图 5-23 和图 5-24 所示。

（1）焊接直线或圆弧焊道。

（2）假设 ArcL 指令下一条是 MoveL，焊接会停止，但结果是无法预料的（如没有填弧坑）。

（3）逻辑指令（比如 Set do1），可以插入 2 条焊接指令之间而不停止焊接过程。

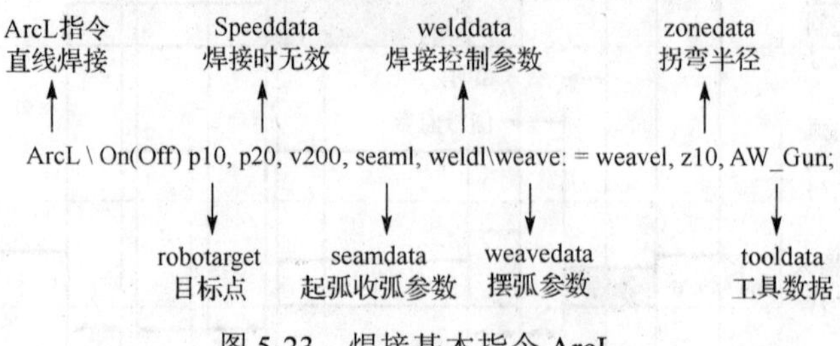

图 5-23　焊接基本指令 ArcL

3）ArcLEnd、ArcCEnd

（1）焊接直线或圆弧至焊道结束点，并完成填弧坑等焊后工作。

（2）无论 Zone 参数指定的圆角是多少，目标点一定是个 fine 点。

焊接时，TCP 的速度由 weld_Speed 所取代，Seamdata 和 Welddata 参数控制，除非程序单步执行（不焊接）或弧焊软件包设置使用焊接速度为全部锁定（由 Speed 参数控制）。

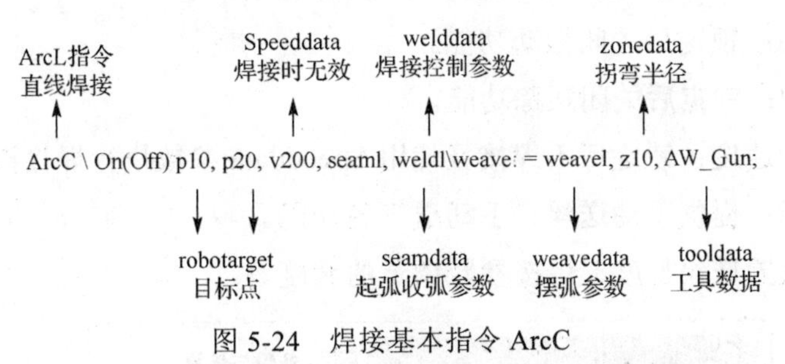

图 5-24　焊接基本指令 ArcC

注意：

（1）焊接必须以 ArcLStart 或 ArcCStart 开始。

（2）焊接中间点使用 ArcL 或 ArcC 指令。

（3）焊接必须以 ArcLEnd 或 ArcCEnd 结束。

（4）ArcCStart 指令弧的起点位于上一条指令的最后一个目标点。

（5）焊接过程中，不同的语句可以使用不同的焊接参数 seamdata、welddata、weavedata。

（6）\On: 可选参数。焊接系统在该语句的目标点到达之前，依照 seamdata 参数中的定义，预先启动保护气，同时将焊接参数进行数模转换，送往焊机。

（7）\Off: 可选参数，焊接系统在该语句的目标点到达之时，依照 seamdata 参数中的定义，结束焊接过程。

11. 生产屏幕

ABB/生产屏幕/ARC 如图 5-25 所示。ABB 工业机器人通过 ArcWare 控制焊接的整个过程。

（1）在焊接过程中实时监控焊接的过程，检测焊接是否正常。

（2）错误发生时，ArcWare 自动将错误代码和处理方式显示在示教器上。

（3）只需要对焊接系统进行基本的配置即可以完成对焊机的控制。

（4）焊接系统高级功能：激光跟踪系统的控制和电弧跟踪系统的控制。

（5）其他功能：生产管理和清枪控制、接触传感控制等。

功能按钮

调节：焊接过程中焊接参数及摆动参数的调节。

锁定：焊接、摆动、跟踪等功能的锁定，用于程序调试。

（a）焊接启动：锁定后可在不焊接情况下执行程序。

（b）摆动启动：锁定后关闭摆动功能。

（c）跟踪启动：锁定后关闭跟踪功能。

（d）使用焊接速度：锁定后不焊接且使用 Speeddata 参数执行焊接指令。

（1）手动功能：提供手动送丝、手动送气等功能。

（2）设置：设置送丝长度、焊接参数调节的精度等。

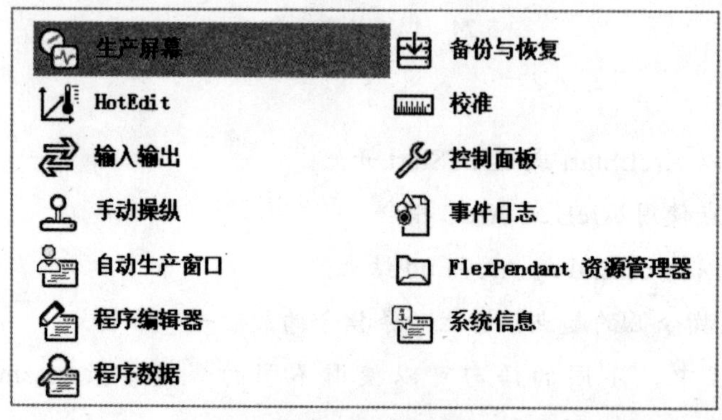

图 5-25　生产屏幕

12．焊接流程

1）现场准备

（1）焊机连接检查。

（a）冷却水、保护气、焊丝/导电嘴/送丝轮规格。

（b）面板设置（保护气、焊丝、收弧、参数分别控制等）。

（c）工件接地。

（2）I/O 信号配置检查。

（a）手动送丝、手动送气、焊枪开关及电流监测等信号。

（b）水压开关、保护气检测等传感信号，调节气体流量。

（c）电流、电压控制的模拟信号是否匹配。

2）编程、焊接参数设置

完成编程后先锁定焊接，观察轨迹、调试。

3）工件焊接

解锁焊接，正式投入生产。

4）完成焊接

关闭电源、保护气，机器人回到机械原点，清理工作现场。

5.1.2 创建弧焊工作站

知识准备

利用库文件创建如图 5-26 所示工作站。

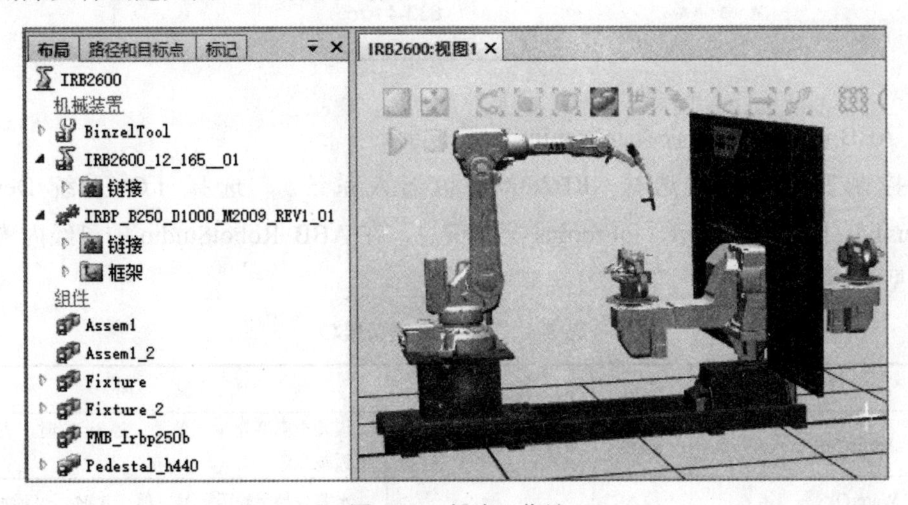

图 5-26 创建工作站

1. 配置弧焊 I/O 系统

在“基本”菜单中，选择“机器人系统”→“从布局”，系统选项如图 5-27 所示。

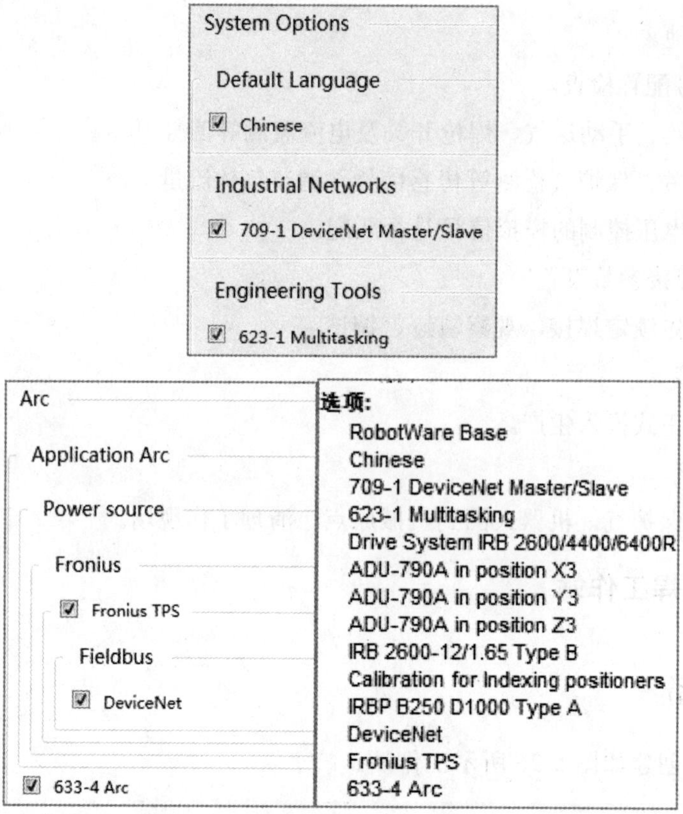

图 5-27　系统选项

1）ABB RobotStudio 查看 ioFronius 配置信息

在控制器浏览窗口选择 IRB2600（机器人系统），选择 I/O 系统/DeviceNet/ioFronius1，如图 5-28 所示，ioFronius 配置信息，在 ABB RobotStudio 中已经内置，更多内容详见表 5-4。

表 5-4　Fronius 设备接口

序号	名　称	类别	配　置	说　明
1	ArcEst*	输入	diFr1ArcStable	焊接电弧数字输入信号。等于 1 时，表示焊接电弧被点燃
2	WaterOk	输入	—	水监督数字输入信号。等于 1 时，表示水正常
3	GasOk	输入	—	保护气体监督数字输入信号。等于 1 时，表示保护气体正常
4	Internal WirestickErr*	输入	siFr1WireStick	导线管状态监视数字输入信号，等于 1 时，表示有错误发生

续表

序号	名　称	类别	配　置	说　明
5	Internal WirestickON*	输出	soFr1WireStick	导线管错误指示数字输出信号
6	WelderReady*	输入	diFr1WelderReady	焊机就绪数字输入信号
7	WelderCommOk*	输入	diFr1CommunicRdy	焊机通信数字输入信号 OK
8	Internal WelderReady*	输入	siFr1WelderOK	内部的数字输入信号，表示如果该焊机已准备就绪
9	GasOn*	输出	doFr1GasTest	气体流量控制的数字输出信号。等于 1 时，表示气体打开
10	WeldOn*	输出	sofr1ArcOn	用于控制焊接电压的数字输出信号。等于 1 时，表示焊接电压控制被激活
11	FeedOn*	输出	doFr1FeedForward	数字输出信号，用于激活送丝。等于 1 时，表示已送丝
12	FeedOnBwd*	输出	doFr1FeedRetract	数字输出信号，用于激活抽丝。等于 1 时，表示已抽丝
13	RobotReady*	输出	doFr1RobotReady	数字输出信号，指示焊机已准备就绪
14	WelderErrReset*	输出	doFr1ErrorReset	数字输出信号，焊机复位
15	Internal WelderReady	输出	soFr1WelderOK	内部的数字输出信号，表示如果该焊机已准备就绪
16	Touch Sense*	输出	doFr1TouchSense	数字输出信号，接触传感器
17	Update Weld Schedules*	输出	soFr1UpdateSched	用于从焊机中提取焊接表的数字输出（计划方案 ID），并将它们保存到文件中
18	Supervision Welder	输出	未定	指示焊机监控数字输出信号
19	SupervArc	输出	未定	焊接电弧误差指示数字输出信号。等于 1 时，表示有错误发生
20	SupervWater	输出	未定	冷却水误差指示数字输出信号。等于 1 时，表示有错误发生
21	SupervGas	输出	未定	指示保护气体错误数字输出信号，等于 1 时，表示错误发生
22	SupervWireStick	输出	未定	指示线进给误差数字输出信号，等于 1 时，表示有错误发生
23	VoltReference*	输出	aoFr1ArcLength	模拟电压参考输出信号。如果定义了焊接电压，组件电压可用，也被称为弧长
24	Feed Reference*	输出	aoFr1Power	模拟送丝参考输出模拟信号。如果送丝已定义，组件在送丝 welddata 有效，也被称为电源
25	Control Port*	输出	aoFr1Dynamic	模拟输出到控制焊机，也被称为动态
26	BurnBackCorrection*	输出	aoFr1BurnBackCor	用于烧回校正模拟输出，也被称为烧回校正
27	VoltageMeas	输入	aiFr1Volt_M	电压测量模拟输入信号

续表

序号	名　称	类别	配　置	说　明
28	CurrentMeas*	输入	aiFr1Current_M	电流测量模拟输入信号
29	SynWireFeed*	输入	aiFr1WireFeed_M	协同式送丝模拟输入信号
30	MotorCurrentMeas	输入	aiFr1MotorCurr_M	电机电流测量模拟输入信号
31	JobPort*	输出	goFr1JobNum	将工作号发送给焊机的输出组信号
32	ProgramPort*	输出	goFr1PrgNum	向焊机发送程序号的输出组信号
33	ModePort*	输出	goFr1Mode	发送模式号的组输出信号到焊接
34	WelderErrorCodes*	输出	giFr1Error	来自焊机错误代码的组输入信号

表中标注星号（*）的参数，是必须定义的参数。

I/O设备 - ioFronius1 ×

名称	类型	值	最小值	最大值	已仿真	网络	设备	设备映射
aiFr1Current_M	AI	0	0	1000	否	DeviceNet	ioFronius1	48-63
aiFr1MotorCurr_M	AI	0	0	5	否	DeviceNet	ioFronius1	64-71
aiFr1Volt_M	AI	0	0	100	否	DeviceNet	ioFronius1	32-47
aiFr1WireFeed_M	AI	0	0	366.67	否	DeviceNet	ioFronius1	80-95
aoFr1ArcLength	AO	0	-30	30	否	DeviceNet	ioFronius1	48-63
aoFr1BurnBackCor	AO	0	-200	200	否	DeviceNet	ioFronius1	72-79
aoFr1Dynamic	AO	0	-5	5	否	DeviceNet	ioFronius1	64-71
aoFr1Power	AO	0	0	100	否	DeviceNet	ioFronius1	32-47
aoFr1TcpSpeed	AO	0	0	199	否	DeviceNet	ioFronius1	86-93
diFr1ArcStable	DI	0	0	1	否	DeviceNet	ioFronius1	0
diFr1CommunicRdy	DI	0	0	1	否	DeviceNet	ioFronius1	6
diFr1MainCurrent	DI	0	0	1	否	DeviceNet	ioFronius1	3
diFr1PowerOutOfRange	DI	0	0	1	否	DeviceNet	ioFronius1	31
diFr1ProcessActv	DI	0	0	1	否	DeviceNet	ioFronius1	2
diFr1TorchColisn	DI	0	0	1	否	DeviceNet	ioFronius1	4
diFr1WelderReady	DI	0	0	1	否	DeviceNet	ioFronius1	5
doFr1ArcOn	DO	0	0	1	否	DeviceNet	ioFronius1	0
doFr1EnableTcpSpeed	DO	0	0	1	否	DeviceNet	ioFronius1	85
doFr1ErrorReset	DO	0	0	1	否	DeviceNet	ioFronius1	11
doFr1FeedForward	DO	0	0	1	否	DeviceNet	ioFronius1	9
doFr1FeedRetract	DO	0	0	1	否	DeviceNet	ioFronius1	10
doFr1GasTest	DO	0	0	1	否	DeviceNet	ioFronius1	8
doFr1RobotReady	DO	1	0	1	否	DeviceNet	ioFronius1	1
doFr1TouchSense	DO	0	0	1	否	DeviceNet	ioFronius1	12
doFr1TrchBlowOut	DO	0	0	1	否	DeviceNet	ioFronius1	13
doFr1WeldingSim	DO	0	0	1	否	DeviceNet	ioFronius1	31
giFr1Error	GI	0	0	255	否	DeviceNet	ioFronius1	8-15
goFr1JobNum	GO	1	0	255	否	DeviceNet	ioFronius1	16-23
goFr1Mode	GO	2	0	7	否	DeviceNet	ioFronius1	2-4
goFr1PrgNum	GO	1	0	127	否	DeviceNet	ioFronius1	24-30

图 5-28　ioFronius 配置信息

2）示教器中查看 ioFronius 配置信息

切换到手动模式，在控制面板中选择“配置”→“主题”→“Process”→“Fronius Equipment IO”，如图 5-29 所示。

Arc Equipment Standard IO	Arc Error Handler
Arc Error Handler Properties	Arc ErrorHandler IO
Arc Recovery Menu	Arc Repair IO
Arc Repair Properties	Arc Robot Properties
Arc System	Arc System Properties
Arc Units	ARC_UI_MASKING
Fronius Arc Equipment Properties	Fronius Equipment IO

名称：　FR5000MW_T_ROB1

双击一个参数以修改。

参数名称	值
Name	FR5000MW_T_ROB1
ArcEst DI (required)	diFr1ArcStable
ArcEstLabel	
Main Current OK DI	diFr1MainCurrent
WaterOk DI	
GasOk DI	

图 5-29　示教器中 ioFronius 配置信息

2. 创建工具数据

在示教器中，使用四点法加 X、Z 方法，创建工具数据 tWeldGun，如图 5-30 所示。

图 5-30　工具数据 tWeldGun 参数

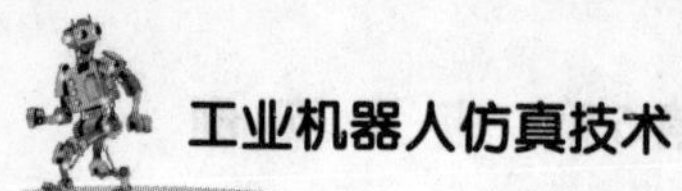

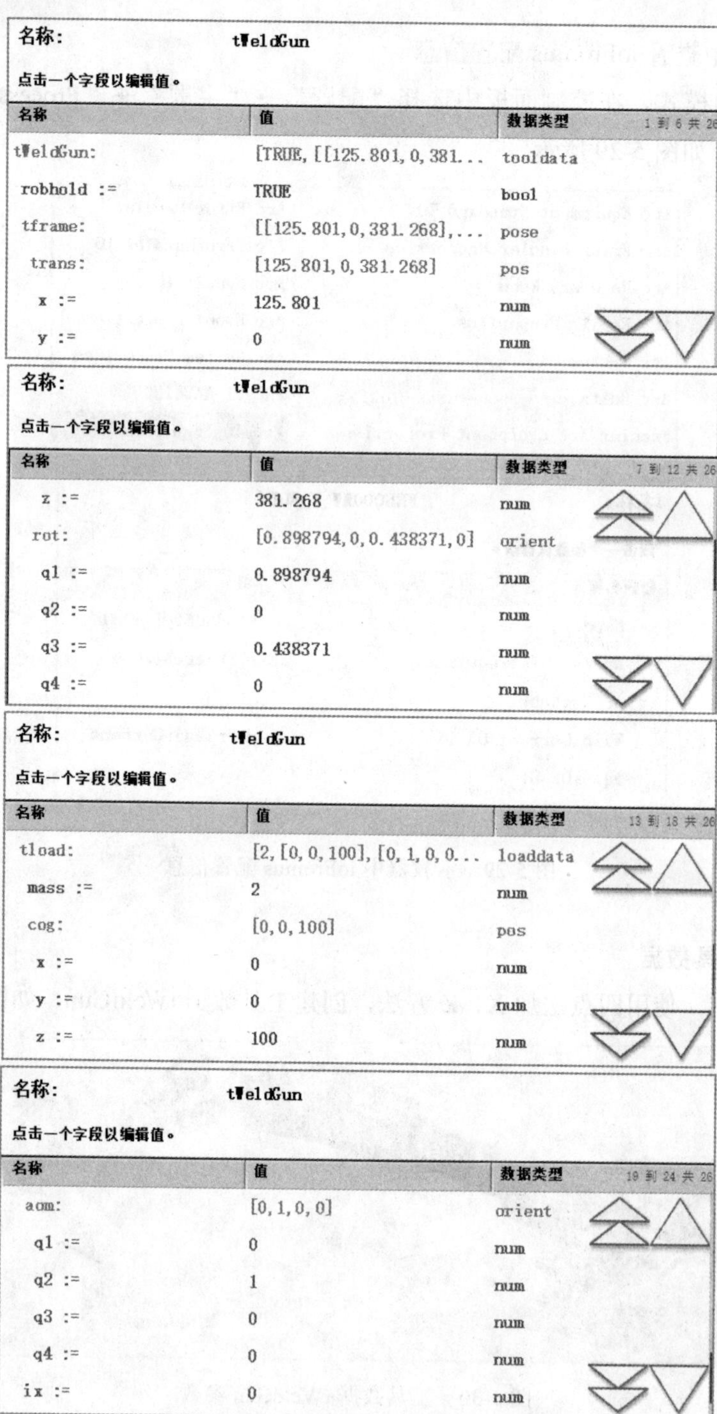
名称： tWeldGun

点击一个字段以编辑值。

名称	值	数据类型	1 到 6 共 26
tWeldGun:	[TRUE, [[125.801, 0, 381...	tooldata	
robhold :=	TRUE	bool	
tframe:	[[125.801, 0, 381.268], ...	pose	
trans:	[125.801, 0, 381.268]	pos	
x :=	125.801	num	
y :=	0	num	

名称： tWeldGun

点击一个字段以编辑值。

名称	值	数据类型	7 到 12 共 26
z :=	381.268	num	
rot:	[0.898794, 0, 0.438371, 0]	orient	
q1 :=	0.898794	num	
q2 :=	0	num	
q3 :=	0.438371	num	
q4 :=	0	num	

名称： tWeldGun

点击一个字段以编辑值。

名称	值	数据类型	13 到 18 共 26
tload:	[2, [0, 0, 100], [0, 1, 0, 0...	loaddata	
mass :=	2	num	
cog:	[0, 0, 100]	pos	
x :=	0	num	
y :=	0	num	
z :=	100	num	

名称： tWeldGun

点击一个字段以编辑值。

名称	值	数据类型	19 到 24 共 26
aom:	[0, 1, 0, 0]	orient	
q1 :=	0	num	
q2 :=	1	num	
q3 :=	0	num	
q4 :=	0	num	
ix :=	0	num	

图 5-30　工具数据 tWeldGun 参数（续）

详细参数见表5-5。示例如下：

```
MODULE CalibData
    PERS tooldata tWeldGun:=[TRUE, [[125.800591275, 0,
        381.268213238], [0.898794046, 0, 0.438371147, 0]],
        [2, [0, 0, 100], [0, 1, 0, 0], 0, 0, 0]];
ENDMODULE
```

表5-5 工具数据tWeldGun参数

参　数	参数项	参数值
Robothold	—	TRUE
trans	X	125.801
	Y	0
	Z	381.268
rot	Q1	0.898794
	Q2	0
	Q3	0.438371
	Q4	0
mass	—	2
cog	X	0
	Y	0
	Z	100
aom	Q1	0
	Q2	1
	Q3	0
	Q4	0

3. 创建工件数据

暂时将工件及夹具设为不可见，在示教器中，使用三点法，分别在外轴上定义两个工件数据：Workobject_1和Workobject_2，如图5-31所示。

工件数据示例如下：

```
TASK PERS wobjdata Workobject_1:=[FALSE, FALSE, "STN1", [[0, 0, 0],
        [1, 0, 0, 0]], [[0, 0, 0], [0.707106781, 0, 0, -0.707106781]]];
TASK PERS wobjdata Workobject_2:=[FALSE, FALSE, "STN2", [[0, 0, 0],
        [1, 0, 0, 0]], [[0, 0, 0], [0.707106781, 0, 0, -0.707106781]]];
ENDMODULE
```

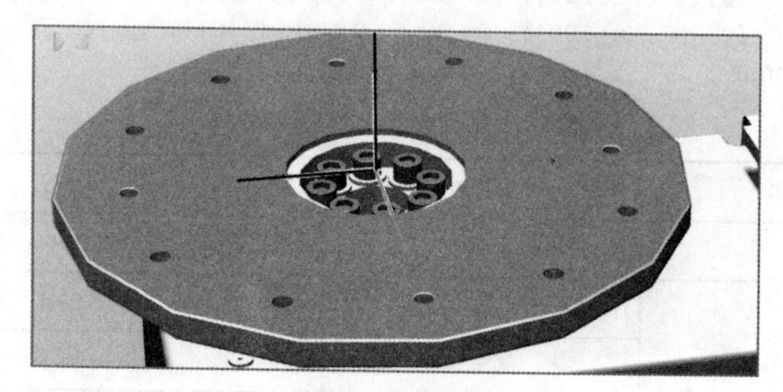

图 5-31　工件坐标

4．创建焊接参数

1）seamdata

用示教器创建 seamdata 数据，如图 5-32 所示。

Name	Value	Module	1 to 1 of 1
sm1	[0.2,0.05,0.05]	ProcessData	Task

图 5-32　创建 seamdata 数据

2）创建 welddata

用示教器创建 welddata 数据，如图 5-33 所示。

Name	Value	Module	1 to 1 of 1
wd1	[40,10,[],[]]	ProcessData	Task

图 5-33　创建 welddata 数据

5．程序编辑

在“布局”浏览器中右击变位机，选择“机械装置手动关节”，调整外轴如图 5-34 所示。选择“基本”菜单中的“手动线性”，启用“捕捉末端”功能，拖拽机器人工具至机器人 TCP 点自动吸附到目标点上，如图 5-35 所示。

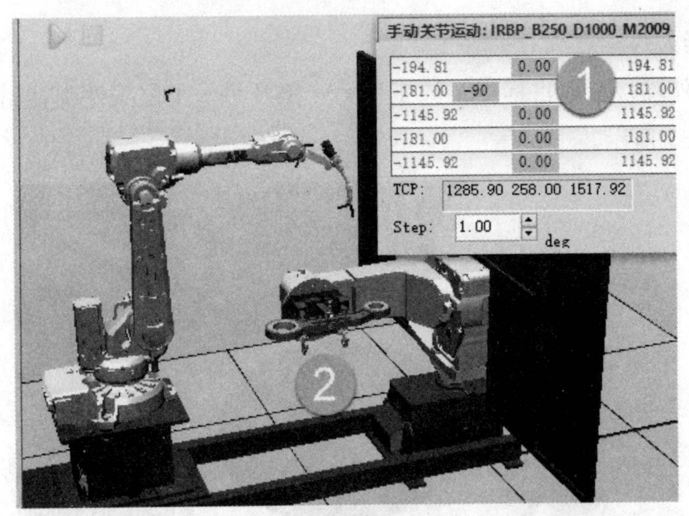

图 5-34 调整外轴

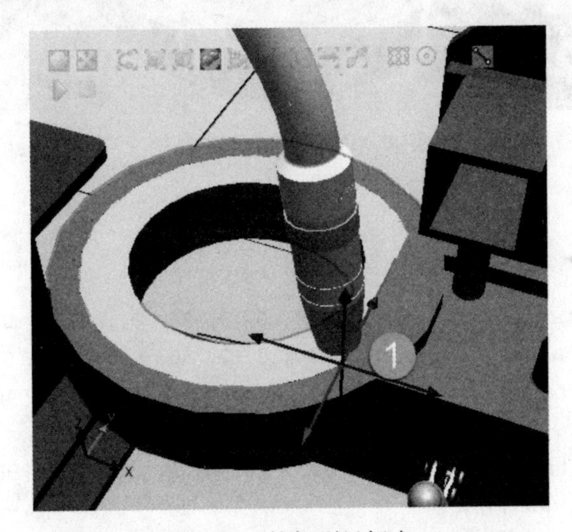

图 5-35 捕捉到目标点

确认当前工件坐标、工具坐标是否正确，单击“示教目标点”，如图 5-36 所示。

图 5-36 示教目标点

1）示教机器人目标点

调整机器人外轴，示教目标点。该工件另一侧及另一工位工件都使用类似的方法示教目标点，如图 5-37 所示。

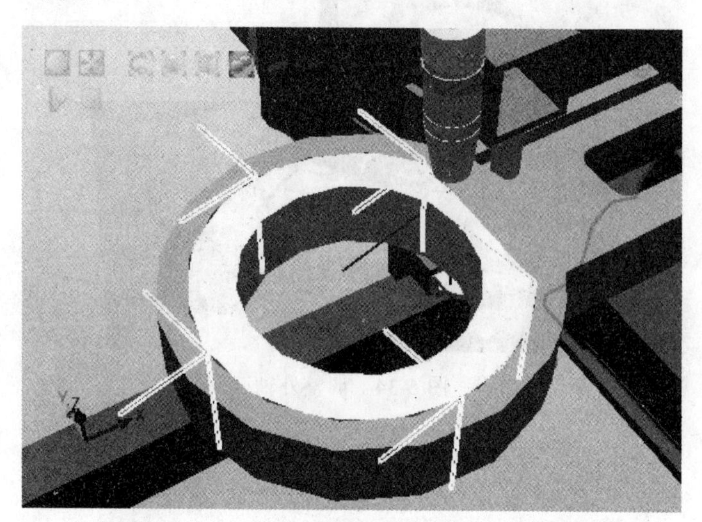

图 5-37　示教目标点

2）数据定义

示例如下：

```
CONST jointtarget jt_1:=[[0, -40, 0, 0, 30, 0], [9E9, 0, 0, 9E9, 9E9, 9E9]];
CONST jointtarget jt_2:=[[0, -40, 0, 0, 30, 0], [9E9, 0, 0, 9E9, 9E9, 9E9]];
CONST jointtarget jt_1_2:=[[0, -40, 0, 0, 30, 0], [9E9, 0, 0, 9E9,
        9E9, 9E9]];
CONST jointtarget jt_2_2:=[[0, -40, 0, 0, 30, 0], [9E9, 0, 0, 9E9,
        9E9, 9E9]];
CONST robtarget p1:=[[*, *, *], [0.030843565, -0.030843565, -0.706433772,
        0.706433772], [-1, 0, -1, 0], [9E9, -90, -90, 9E9, 9E9, 9E9]];
CONST robtarget p2:= [[*, *, *], [0.030843565, -0.030843565, -0.706433772,
        0.706433772], [-1, 0, -1, 0], [9E9, -90, -90, 9E9, 9E9, 9E9]];
CONST robtarget p3:= [[*, *, *], [0, 0, -0.707106781, 0.707106781],
        [-1, 0, -1, 0], [9E9, -90, -90, 9E9, 9E9, 9E9]];
CONST robtarget p5:= [[*, *, *], [0, 0, -0.707106781, 0.707106781],
        [-1, 0, -1, 0], [9E9, -90, -90, 9E9, 9E9, 9E9]];
CONST robtarget p6:= [[*, *, *], [0, 0, 0.707106781, -0.707106781],
        [-1, 0, -1, 0], [9E9, -90, -90, 9E9, 9E9, 9E9]];
```

```
CONST robtarget p7:= [[*, *, *], 119.279463141], [0, 0, -0.707106781,
    0.707106781], [-1, 0, -1, 0], [9E9, -90, -90, 9E9, 9E9, 9E9]];
CONST robtarget p8:= [[*, *, *], [0.025400583, -0.025400583, -0.723930511,
    0.688937033], [-1, 0, -1, 0], [9E9, -90, -90, 9E9, 9E9, 9E9]];
CONST robtarget p4:= [[*, *, *], [0.025400583, -0.025400583, -0.723930511,
    0.688937033], [-1, 0, -1, 0], [9E9, -90, -90, 9E9, 9E9, 9E9]];
CONST robtarget p17:= [[*, *, *], [0.025400592, -0.025400612, -0.723930518,
    0.688937024], [-1, 0, -1, 0], [9E9, -90, -90, 9E9, 9E9, 9E9]];
CONST robtarget p18:= [[*, *, *], [0.077787511, 0.077787561,
    -0.702815156, 0.702815092], [-1, 0, -1, 0],
    [9E9, -89.999982014, -89.999982014, 9E9, 9E9, 9E9]];
CONST robtarget p9:= [[*, *, *], [0.077787559, 0.077787559,
    -0.702815122, 0.702815122], [-1, 0, -1, 0], [9E9,
    -89.999982014, -89.999982014, 9E9, 9E9, 9E9]];
CONST robtarget p10:= [[*, *, *], [0.077787559, 0.077787559,
    -0.702815122, 0.702815122], [-1, 0, -1, 0], [9E9,
    -89.999982014, -89.999982014, 9E9, 9E9, 9E9]];
CONST robtarget p11:= [[*, *, *], [0.077787559, 0.077787559,
    -0.702815122, 0.702815122], [-1, 0, -1, 0], [9E9,
    -89.999982014, -89.999982014, 9E9, 9E9, 9E9]];
CONST robtarget p13:= [[*, *, *], [0.077787559, 0.077787559,
    -0.702815122, 0.702815122], [-1, 0, -1, 0], [9E9,
    -89.999982014, -89.999982014, 9E9, 9E9, 9E9]];
CONST robtarget p14:= [[*, *, *], [0.077787559, 0.077787559,
    -0.702815122, 0.702815122], [-1, 0, -1, 0], [9E9,
    -89.999982014, -89.999982014, 9E9, 9E9, 9E9]];
CONST robtarget p15:= [[*, *, *], [0.077787559, 0.077787559,
    -0.702815122, 0.702815122], [-1, 0, -1, 0], [9E9,
    -89.999982014, -89.999982014, 9E9, 9E9, 9E9]];
CONST robtarget p16:= [[*, *, *], [0.077787559, 0.077787559,
    -0.702815122, 0.702815122], [-1, 0, -1, 0], [9E9,
    -89.999982014, -89.999982014, 9E9, 9E9, 9E9]];
CONST robtarget p12:= [[*, *, *], [0.077787559, 0.077787559,
    -0.702815122, 0.702815122], [-1, 0, -1, 0], [9E9,
    -89.999982014, -89.999982014, 9E9, 9E9, 9E9]];
CONST robtarget p19:= [[*, *, *], [0.694848295, -0.649362585,
    -0.279871866, 0.131094691], [-1, 0, -1, 0], [9E9,
    -89.999982014, 56.000017986, 9E9, 9E9, 9E9]];
```

```
CONST robtarget p20: [[*, *, *], [0.702815104, -0.702815147,
        -0.077787651, -0.077787396], [-1, 0, -1, 0], [9E9,
        -89.999982014, 90, 9E9, 9E9, 9E9]];
CONST robtarget p21:= [[*, *, *], [0.706120644, -0.700179993,
        -0.098731845, -0.037331433], [-1, 0, -1, 0], [9E9,
        -89.999982014, 90, 9E9, 9E9, 9E9]];
CONST robtarget p22:= [[*, *, *], [0.706120644, -0.700179993,
        -0.098731845, -0.037331433], [-1, 0, -2, 0], [9E9,
        -89.999982014, 90, 9E9, 9E9, 9E9]];
CONST robtarget p23:= [[*, *, *], [0.703795686, -0.703795686,
        -0.068349336, -0.068349336], [-1, 0, -2, 0], [9E9,
        -89.999982014, 90, 9E9, 9E9, 9E9]];
CONST robtarget p25:= [[*, *, *], [0.703795686, -0.703795686,
        -0.068349336, -0.068349336], [-1, 0, -2, 0], [9E9,
        -89.999982014, 90, 9E9, 9E9, 9E9]];
CONST robtarget p26:= [[*, *, *], [0.703795686, -0.703795686,
        -0.068349336, -0.068349336], [-1, 0, -1, 0], [9E9,
        -89.999982014, 90, 9E9, 9E9, 9E9]];
CONST robtarget p27:= [[*, *, *], [0.703795686, -0.703795686,
        -0.068349336, -0.068349336], [-1, 0, -1, 0], [9E9,
        -89.999982014, 90, 9E9, 9E9, 9E9]];
CONST robtarget p28:= [[*, *, *], [0.688166254, -0.718085403,
        -0.095257169, -0.041311396], [-1, 0, -2, 0], [9E9,
        -89.999982014, 90, 9E9, 9E9, 9E9]];
CONST robtarget p24:= [[*, *, *], [0.688166254, -0.718085403,
        -0.095257169, -0.041311396], [-1, 0, -1, 0], [9E9,
        -89.999982014, 90, 9E9, 9E9, 9E9]];
CONST robtarget p29:= [[*, *, *], [0.688166258, -0.718085404,
        -0.095257139, -0.041311383], [-1, 0, -1, 0], [9E9,
        -89.999982014, 90, 9E9, 9E9, 9E9]];
CONST robtarget p38:= [[*, *, *], [0.683012708, -0.683012698,
        -0.183012699, -0.183012694], [-1, 0, -1, 0], [9E9,
        -89.999982014, 90, 9E9, 9E9, 9E9]];
CONST robtarget p30:= [[*, *, *], [0.683012702, -0.683012702,
        -0.183012702, -0.183012702], [-1, 0, -1, 0], [9E9,
        -89.999982014, 90, 9E9, 9E9, 9E9]];
CONST robtarget p31: [[*, *, *], [0.683012702, -0.683012702,
        -0.183012702, -0.183012702], [-1, 0, -2, 0], [9E9,
```

```
-89.999982014, 90, 9E9, 9E9, 9E9]];
CONST robtarget p32:= [[*, *, *], [0.683012702, -0.683012702,
    -0.183012702, -0.183012702], [-1, 0, -2, 0], [9E9,
    -89.999982014, 90, 9E9, 9E9, 9E9]];
CONST robtarget p34:= [[*, *, *], [0.683012702, -0.683012702,
    -0.183012702, -0.183012702], [-1, 0, -1, 0], [9E9,
    -89.999982014, 90, 9E9, 9E9, 9E9]];
CONST robtarget p35:= [[*, *, *], [0.683012702, -0.683012702,
    -0.183012702, -0.183012702], [-1, 0, -1, 0], [9E9,
    -89.999982014, 90, 9E9, 9E9, 9E9]];
CONST robtarget p36:= [[*, *, *], [0.683012702, -0.683012702,
    -0.183012702, -0.183012702], [-1, 0, -2, 0], [9E9,
    -89.999982014, 90, 9E9, 9E9, 9E9]];
CONST robtarget p37:= [[*, *, *], [0.683012702, -0.683012702,
    -0.183012702, -0.183012702], [-1, 0, -2, 0], [9E9,
    -89.999982014, 90, 9E9, 9E9, 9E9]];
CONST robtarget p33:= [[*, *, *], [0.683012702, -0.683012702,
    -0.183012702, -0.183012702], [-1, 0, -1, 0], [9E9,
    -89.999982014, 90, 9E9, 9E9, 9E9]];
CONST robtarget p1_2:= [[*, *, *], [0.0308435645972359,
    -0.0308435645972323, -0.706433772212891, 0.706433772212893],
    [-1, 0, -1, 0], [9E9, -90, -90, 9E9, 9E9, 9E9]];
CONST robtarget p2_2:= [[*, *, *], [0.0308435645972368,
    -0.0308435645972322, -0.706433772212891, 0.706433772212893],
    [-1, 0, -1, 0], [9E9, -90, -90, 9E9, 9E9, 9E9]];
CONST robtarget p3_2:= [[*, *, *], [-2.2531115240921E-15,
    2.35124230275983E-15, -0.707106781186547, 0.707106781186548],
    [-1, 0, -1, 0], [9E9, -90, -90, 9E9, 9E9, 9E9]];
CONST robtarget p5_2:= [[*, *, *], [-2.32630172637277E-15,
    2.43424558290727E-15, -0.707106781186547, 0.707106781186548],
    [-1, 0, -1, 0], [9E9, -90, -90, 9E9, 9E9, 9E9]];
CONST robtarget p6_2:= [[*, *, *], [-2.40830638670243E-15,
    -2.03560778350057E-15, 0.707106781186548, -0.707106781186547],
    [-1, 0, -1, 0], [9E9, -90, -90, 9E9, 9E9, 9E9]];
CONST robtarget p7_2:= [[*, *, *], [-2.80964214502681E-15,
    1.86758666981654E-15, -0.707106781186547, 0.707106781186548],
    [-1, 0, -1, 0], [9E9, -90, -90, 9E9, 9E9, 9E9]];
CONST robtarget p8_2:= [[*, *, *], [0.0254005826094815,
```

```
        -0.0254005826094815, -0.723930511342293, 0.688937033083492],
        [-1, 0, -1, 0], [9E9, -90, -90, 9E9, 9E9, 9E9]];
CONST robtarget p4_2:= [[*, *, *], [0.0254005826094753,
        -0.0254005826094818, -0.723930511342294, 0.688937033083491],
        [-1, 0, -1, 0], [9E9, -90, -90, 9E9, 9E9, 9E9]];
CONST robtarget p17_2:= [[*, *, *], [0.0254005915983735,
        -0.0254006115952131, -0.723930518441778, 0.688937024223303],
        [-1, 0, -1, 0], [9E9, -90, -90, 9E9, 9E9, 9E9]];
CONST robtarget p18_2:= [[*, *, *], [0.0777875112488189,
        0.0777875614449487, -0.702815156448767, 0.702815092498773],
        [-1, 0, -1, 0], [9E9, -89.9999820139108, -89.9999820139108,
        9E9, 9E9, 9E9]];
CONST robtarget p9_2:= [[*, *, *], [0.0777875590511444,
        0.0777875590511419, -0.702815121960863, 0.702815121960866],
        [-1, 0, -1, 0], [9E9, -89.9999820139108, -89.9999820139108,
        9E9, 9E9, 9E9]];
CONST robtarget p10_2:= [[*, *, *], [0.0777875590511465,
        0.0777875590511433, -0.702815121960863, 0.702815121960866],
        [-1, 0, -1, 0], [9E9, -89.9999820139108, -89.9999820139108,
        9E9, 9E9, 9E9]];
CONST robtarget p11_2:= [[*, *, *], [0.0777875590511477,
        0.0777875590511398, -0.702815121960864, 0.702815121960865],
        [-1, 0, -1, 0], [9E9, -89.9999820139108, -89.9999820139108,
        9E9, 9E9, 9E9]];
CONST robtarget p13_2:= [[*, *, *], [0.077787559051144,
        0.0777875590511444, -0.702815121960866, 0.702815121960863],
        [-1, 0, -1, 0], [9E9, -89.9999820139108, -89.9999820139108,
        9E9, 9E9, 9E9]];
CONST robtarget p14_2:= [[*, *, *], [0.0777875590511416,
        0.0777875590511473, -0.702815121960867, 0.702815121960862],
        [-1, 0, -1, 0], [9E9, -89.9999820139108, -89.9999820139108,
        9E9, 9E9, 9E9]];
CONST robtarget p15_2:= [[*, *, *], [0.077787559051146,
        0.0777875590511442, -0.702815121960864, 0.702815121960865],
        [-1, 0, -1, 0], [9E9, -89.9999820139108, -89.9999820139108,
        9E9, 9E9, 9E9]];
CONST robtarget p16_2:= [[*, *, *], [0.0777875590511466,
        0.0777875590511437, -0.702815121960863, 0.702815121960866],
```

```
        [-1, 0, -1, 0], [9E9, -89.9999820139108, -89.9999820139108,
        9E9, 9E9, 9E9]];
    CONST robtarget p12_2:= [[*, *, *], [0.0777875590511453,
        0.0777875590511432, -0.702815121960864, 0.702815121960865],
        [-1, 0, -1, 0], [9E9, -89.9999820139108, -89.9999820139108,
        9E9, 9E9, 9E9]];
    CONST robtarget p19_2:= [[*, *, *], [0.694848295298969,
        -0.649362585216104, -0.279871866090701, 0.131094691015632],
        [-1, 0, -1, 0], [9E9, -89.9999820139108, 56.0000179860894,
        9E9, 9E9, 9E9]];
    CONST robtarget p20_2:= [[*, *, *], [0.702815104444725,
        -0.702815147348763, -0.0777876510273221, -0.0777873959529314],
        [-1, 0, -1, 0], [9E9, -89.9999820139108, 90, 9E9, 9E9, 9E9]];
    CONST robtarget p21_2:= [[*, *, *], [0.706120644176726,
        -0.700179993197169, -0.0987318445407194, -0.0373314327001335],
        [-1, 0, -1, 0], [9E9, -89.9999820139108, 90, 9E9, 9E9, 9E9]];
    CONST robtarget p22_2:= [[*, *, *], [0.706120644176726,
        -0.700179993197169, -0.0987318445407193,
        -0.0373314327001335], [-1, 0, -2, 0], [9E9,
        -89.9999820139108, 90, 9E9, 9E9, 9E9]];
    CONST robtarget p23_2:= [[*, *, *], [0.703795686418002,
        -0.703795686418001, -0.068349336349476, -0.0683493363494767],
        [-1, 0, -2, 0], [9E9, -89.9999820139108, 90, 9E9, 9E9, 9E9]];
    CONST robtarget p25_2:= [[*, *, *], [0.703795686418002,
        -0.703795686418002, -0.0683493363494761, -0.0683493363494767],
        [-1, 0, -2, 0], [9E9, -89.9999820139108, 90, 9E9, 9E9, 9E9]];
    CONST robtarget p26_2:= [[*, *, *], [0.703795686418002,
        -0.703795686418002, -0.0683493363494764, -0.0683493363494763],
        [-1, 0, -1, 0], [9E9, -89.9999820139108, 90, 9E9, 9E9, 9E9]];
    CONST robtarget p27_2: [[*, *, *], [0.703795686418002,
        -0.703795686418002, -0.0683493363494785, -0.0683493363494744],
        [-1, 0, -1, 0], [9E9, -89.9999820139108, 90, 9E9, 9E9, 9E9]];
    CONST robtarget p28_2:= [[*, *, *], [0.688166254388742,
        -0.718085403357033, -0.0952571694665631, -0.0413113963859252],
        [-1, 0, -2, 0], [9E9, -89.9999820139108, 90, 9E9, 9E9, 9E9]];
    CONST robtarget p24_2:= [[*, *, *], [0.688166254388742,
        -0.718085403357033, -0.0952571694665631, -0.0413113963859252],
        [-1, 0, -1, 0], [9E9, -89.9999820139108, 90, 9E9, 9E9, 9E9]];
```

```
CONST robtarget p29_2:= [[*, *, *], [0.688166258352874,
        -0.718085404319916, -0.0952571392620677, -0.0413113832607334],
        [-1, 0, -1, 0], [9E9, -89.9999820139108, 90, 9E9, 9E9, 9E9]];
CONST robtarget p38_2:= [[*, *, *], [0.683012708243446,
        -0.683012698491354, -0.183012698959481, -0.183012693814059],
        [-1, 0, -1, 0], [9E9, -89.9999820139108, 90, 9E9, 9E9, 9E9]];
CONST robtarget p30_2:= [[*, *, *], [0.683012701892219,
        -0.68301270189222, -0.183012701892219, -0.183012701892219],
        [-1, 0, -1, 0], [9E9, -89.9999820139108, 90, 9E9, 9E9, 9E9]];
CONST robtarget p31_2:= [[*, *, *], [0.683012701892219,
        -0.68301270189222, -0.183012701892219, -0.183012701892219],
        [-1, 0, -2, 0], [9E9, -89.9999820139108, 90, 9E9, 9E9, 9E9]];
CONST robtarget p32_2:= [[*, *, *], [0.68301270189222,
        -0.683012701892219, -0.18301270189222, -0.183012701892218],
        [-1, 0, -2, 0], [9E9, -89.9999820139108, 90, 9E9, 9E9, 9E9]];
CONST robtarget p34_2:= [[*, *, *], [0.68301270189222,
        -0.683012701892219, -0.183012701892219, -0.183012701892219],
        [-1, 0, -1, 0], [9E9, -89.9999820139108, 90, 9E9, 9E9, 9E9]];
CONST robtarget p35_2:= [[*, *, *], [0.683012701892223,
        -0.683012701892216, -0.183012701892219, -0.183012701892219],
        [-1, 0, -1, 0], [9E9, -89.9999820139108, 90, 9E9, 9E9, 9E9]];
CONST robtarget p36_2:= [[*, *, *], [0.683012701892219,
        -0.68301270189222, -0.183012701892219, -0.183012701892219],
        [-1, 0, -2, 0], [9E9, -89.9999820139108, 90, 9E9, 9E9, 9E9]];
CONST robtarget p37_2:= [[*, *, *], [0.683012701892219,
        -0.683012701892219, -0.183012701892219, -0.183012701892219],
        [-1, 0, -2, 0], [9E9, -89.9999820139108, 90, 9E9, 9E9, 9E9]];
CONST robtarget p33_2:= [[*, *, *], [0.683012701892219,
        -0.683012701892219, -0.183012701892219, -0.183012701892219],
        [-1, 0, -1, 0], [9E9, -89.9999820139108, 90, 9E9, 9E9, 9E9]];
CONST jointtarget jt_3:=[[0, -40, 0, 0, 30, 0], [9E9, 0, 0, 0, 9E9,
        9E9]];
CONST jointtarget jt_4:=[[0, -40, 0, 0, 30, 0], [9E9, 0, 0, 180, 9E9,
        9E9]];
CONST jointtarget jt_5:=[[0, -40, 0, 0, 30, 0], [9E9, 0, 0, 180, 9E9,
        9E9]];
CONST jointtarget jt_6:=[[0, -40, 0, 0, 30, 0], [9E9, 0, 0, 0, 9E9,
        9E9]];
```

3）创建例行程序

根据加工工件情况，本机器人有两个工位，每个工位工件都有 4 条焊缝。把每条焊缝路径都作为一个单独的例行程序处理，部分路径后续还需要加上到另一焊缝的过渡路径。

示例如下：

```
PROC Part_1()
    Part_1_Pth_1;
    Part_1_Pth_2;
    Part_1_Pth_3;
    Part_1_Pth_4;
ENDPROC
MODULE mPart_1
!工件 1
   PROC Part_1()
       Part_1_Pth_1;
       Part_1_Pth_2;
       Part_1_Pth_3;
       Part_1_Pth_4;
   ENDPROC
! 工件 2
   PROC Part_2()
       Part_2_Pth_1;
       Part_2_Pth_2;
       Part_2_Pth_3;
       Part_2_Pth_4;
   ENDPROC

PROC Part_1_Pth_1()
!激活外轴 STN1
       ActUnit STN1;
       MoveAbsJ jt_1, vmax, fine, tool0\WObj:=wobj0;
       MoveJ p1, v1000, z10, tWeldGun\WObj:=Workobject_1;
       ArcLStart p2, v1000, sm1, wd1, fine, tWeldGun\WObj:=
                Workobject_1\SeamName:="Part_1_Pth_1_Weld_1";
       ArcL p3, v100, sm1, wd1, z1, tWeldGun\WObj:=Workobject_1;
```

```
        ArcC p5, p6, v100, sm1, wd1, z1, tWeldGun\WObj:=Workobject_1;
        ArcCEnd p7, p8, v100, sm1, wd1, fine, tWeldGun\WObj:=
                Workobject_1;
        MoveL p4, v1000, z10, tWeldGun\WObj:=Workobject_1;
        MoveJ p17, v1000, z10, tWeldGun\WObj:=Workobject_1;
    ENDPROC

PROC Part_1_Pth_2()
!激活外轴 STN1
        ActUnit STN1;
        MoveJ p18, vmax, z10, tWeldGun\WObj:=Workobject_1;
        MoveJ p9, v1000, z10, tWeldGun\WObj:=Workobject_1;
        ArcLStart p10, v1000, sm1, wd1, fine, tWeldGun\WObj:=
                Workobject_1\SeamName:="Part_1_Pth_2_Weld_1";
        ArcL p11, v100, sm1, wd1, z1, tWeldGun\WObj:=Workobject_1;
        ArcC p13, p14, v100, sm1, wd1, z1, tWeldGun\WObj:=Workobject_1;
        ArcCEnd p15, p16, v100, sm1, wd1, fine, tWeldGun\WObj:=
                Workobject_1;
        MoveL p12, v1000, z10, tWeldGun\WObj:=Workobject_1;
        MoveJ p19, vmax, z10, tWeldGun\WObj:=Workobject_1;
        MoveJ p20, vmax, z10, tWeldGun\WObj:=Workobject_1;
    ENDPROC

PROC Part_1_Pth_3()
!激活外轴 STN1
        ActUnit STN1;
        MoveJ p21, v1000, z10, tWeldGun\WObj:=Workobject_1;
        ArcLStart p22, v1000, sm1, wd1, fine, tWeldGun\WObj:=
                Workobject_1\SeamName:="Part_1_Pth_3_Weld_1";
        ArcL p23, v100, sm1, wd1, z1, tWeldGun\WObj:=Workobject_1;
        ArcC p25, p26, v100, sm1, wd1, z1, tWeldGun\WObj:=Workobject_1;
        ArcCEnd p27, p28, v100, sm1, wd1, fine, tWeldGun\WObj:=
                Workobject_1;
        MoveL p24, v1000, z10, tWeldGun\WObj:=Workobject_1;
        MoveJ p29, v1000, z10, tWeldGun\WObj:=Workobject_1;
    ENDPROC
```

```
PROC Part_1_Pth_4()
!激活外轴 STN1
    ActUnit STN1;
    MoveJ p38, v1000, z10, tWeldGun\WObj:=Workobject_1;
    MoveJ p30, v1000, z10, tWeldGun\WObj:=Workobject_1;
    ArcLStart p31, v1000, sm1, wd1, fine, tWeldGun\WObj:=
          Workobject_1\SeamName:="Part_1_Pth_4_Weld_1";
    ArcL p32, v100, sm1, wd1, z1, tWeldGun\WObj:=Workobject_1;
    ArcC p34, p35, v100, sm1, wd1, z1, tWeldGun\WObj:=Workobject_1;
    ArcCEnd p36, p37, v100, sm1, wd1, fine, tWeldGun\WObj:=
          Workobject_1;
    MoveL p33, v1000, z10, tWeldGun\WObj:=Workobject_1;
    MoveAbsJ jt_2, vmax, fine, tWeldGun\WObj:=wobj0;
  ENDPROC

PROC Part_2_Pth_1()
!激活外轴 STN2
    ActUnit STN2;
    MoveAbsJ jt_1_2, vmax, fine, tool0\WObj:=wobj0;
    MoveJ p1_2, v1000, z10, tWeldGun\WObj:=Workobject_2;
    ArcLStart p2_2, v1000, sm1, wd1, fine, tWeldGun\WObj:=
          Workobject_2\SeamName:="Part_2_Pth_1_Weld_1";
    ArcL p3_2, v100, sm1, wd1, z1, tWeldGun\WObj:=Workobject_2;
    ArcC p5_2, p6_2, v100, sm1, wd1, z1, tWeldGun\WObj:=
          Workobject_2;
    ArcCEnd p7_2, p8_2, v100, sm1, wd1, fine, tWeldGun\WObj:=
          Workobject_2;
    MoveL p4_2, v1000, z10, tWeldGun\WObj:=Workobject_2;
    MoveJ p17_2, v1000, z10, tWeldGun\WObj:=Workobject_2;
  ENDPROC

PROC Part_2_Pth_2()
!激活外轴 STN2
    ActUnit STN2;
    MoveJ p18_2, vmax, z10, tWeldGun\WObj:=Workobject_2;
    MoveJ p9_2, v1000, z10, tWeldGun\WObj:=Workobject_2;
    ArcLStart p10_2, v1000, sm1, wd1, fine, tWeldGun\WObj:=
```

```
            Workobject_2\SeamName:="Part_2_Pth_2_Weld_1";
        ArcL p11_2, v100, sm1, wd1, z1, tWeldGun\WObj:=Workobject_2;
        ArcC p13_2, p14_2, v100, sm1, wd1, z1, tWeldGun\WObj:=
            Workobject_2;
        ArcCEnd p15_2, p16_2, v100, sm1, wd1, fine, tWeldGun\WObj:=
            Workobject_2;
        MoveL p12_2, v1000, z10, tWeldGun\WObj:=Workobject_2;
        MoveJ p19_2, vmax, z10, tWeldGun\WObj:=Workobject_2;
        MoveJ p20_2, vmax, z10, tWeldGun\WObj:=Workobject_2;
    ENDPROC

    PROC Part_2_Pth_3()
    !激活外轴 STN2
        ActUnit STN2;
        MoveJ p21_2, v1000, z10, tWeldGun\WObj:=Workobject_2;
        ArcLStart p22_2, v1000, sm1, wd1, fine, tWeldGun\WObj:=
            Workobject_2\SeamName:="Part_2_Pth_3_Weld_1";
        ArcL p23_2, v100, sm1, wd1, z1, tWeldGun\WObj:=Workobject_2;
        ArcC p25_2, p26_2, v100, sm1, wd1, z1, tWeldGun\WObj:=
            Workobject_2;
        ArcCEnd p27_2, p28_2, v100, sm1, wd1, fine, tWeldGun\WObj:=
            Workobject_2;
        MoveL p24_2, v1000, z10, tWeldGun\WObj:=Workobject_2;
        MoveJ p29_2, v1000, z10, tWeldGun\WObj:=Workobject_2;
    ENDPROC

    PROC Part_2_Pth_4()
    !激活外轴 STN2
        ActUnit STN2;
        MoveJ p38_2, v1000, z10, tWeldGun\WObj:=Workobject_2;
        MoveJ p30_2, v1000, z10, tWeldGun\WObj:=Workobject_2;
        ArcLStart p31_2, v1000, sm1, wd1, fine, tWeldGun\WObj:=
            Workobject_2\SeamName:="Part_2_Pth_4_Weld_1";
        ArcL p32_2, v100, sm1, wd1, z1, tWeldGun\WObj:=Workobject_2;
        ArcC p34_2, p35_2, v100, sm1, wd1, z1, tWeldGun\WObj:=
            Workobject_2;
        ArcCEnd p36_2, p37_2, v100, sm1, wd1, fine, tWeldGun\WObj:=
```

```
                Workobject_2;
        MoveL p33_2, v1000, z10, tWeldGun\WObj:=Workobject_2;
        MoveAbsJ jt_2_2, vmax, fine, tWeldGun\WObj:=wobj0;
    ENDPROC

PROC Intch_Pth_1()
!使外轴 STN1 失效
        DeactUnit STN1;
!激活外轴 INTERCH
        ActUnit INTERCH;
        MoveAbsJ jt_3, vmax, fine, tWeldGun\WObj:=wobj0;
        MoveAbsJ jt_4, vmax, fine, tWeldGun\WObj:=wobj0;
!使外轴 INTERCH 失效
        DeactUnit INTERCH;
    ENDPROC

    PROC Intch_Pth_2()
        DeactUnit STN2;
!使外轴 STN2 失效
        ActUnit INTERCH;
!激活外轴 INTERCH
        MoveAbsJ jt_5, vmax, fine, tWeldGun\WObj:=wobj0;
        MoveAbsJ jt_6, vmax, fine, tWeldGun\WObj:=wobj0;
!使外轴 INTERCH 失效
        DeactUnit INTERCH;
    ENDPROC

    PROC Intch()
        Intch_Pth_1;
        Intch_Pth_2;
    ENDPROC
ENDMODULE

PROC main()
    Intch_Start;
    Part_1;
    Intch_Pth_1;
```

```
        Part_2;
        Intch_Pth_2;
    ENDPROC
```

4）同步程序

（1）在程序执行之前，测试可行性。RAPID 测试和调试/检查程序。

（2）修改完成之后，RAPID/控制器/应用。

（3）RAPID/同步/同步到 RAPID。

5）执行程序

使用 RAPID 选项卡中的功能，完成程序测试，并同步到工作站中。

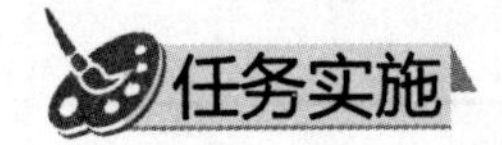

本节任务实施见表 5-6 和表 5-7。

表 5-6 创建弧焊工作站任务书

姓　名		任务名称	弧焊工作站
指导教师		同组人员	
计划用时		实施地点	
时　间		备　注	
任务内容			
1. 配置弧焊 I/O 系统。 2. 创建工具数据。 3. 创建工件数据。 4. 创建焊接参数。 5. 程序编辑。			
考核项目	配置弧焊 I/O 系统		
	创建工具数据		
	创建工件数据		
	创建焊接参数		
	程序编辑		
资　料	工　具	设　备	
教材		计算机	

表 5-7　创建弧焊工作站任务完成报告

姓　　名		任务名称	创建弧焊工作站
班　　级		同组人员	
完成日期		实施地点	

操作题

创建一个弧焊工作站，并完成弧焊 I/O 通信板的配置和弧焊系统输入/输出信号定义。

5.2 下象棋工作站

本节介绍下象棋工作站。通过 ABB 的仿真软件 RobotStudio 对机器人进行离线编程仿真，达到虚拟机器人下象棋的效果。

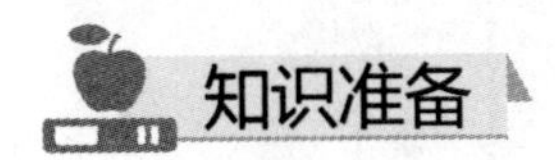

5.2.1 建立象棋工作站

1. 导入部件模型

导入象棋的棋子、棋盘及吸嘴模型。在 RobotStudio 中只能创建一些简单的模型，需借助第三方软件来建立比较复杂的三维建模，例如 solidworks、proe、UG 等三维软件，本节用 solidworks 软件建模，将模型另存为.sat 格式，建立的模型图 5-38 和图 5-39 所示。

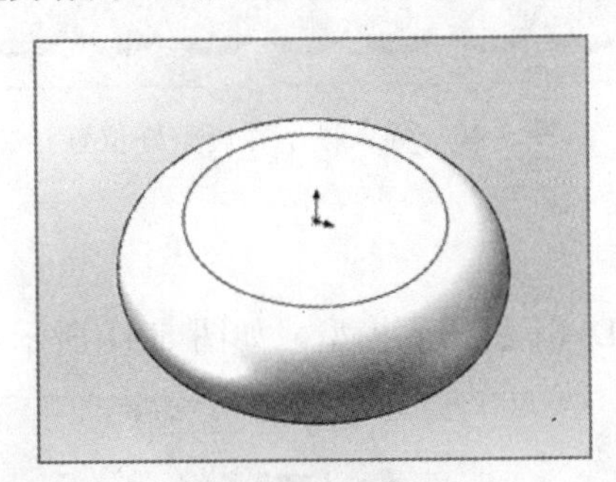

图 5-38 棋子建模

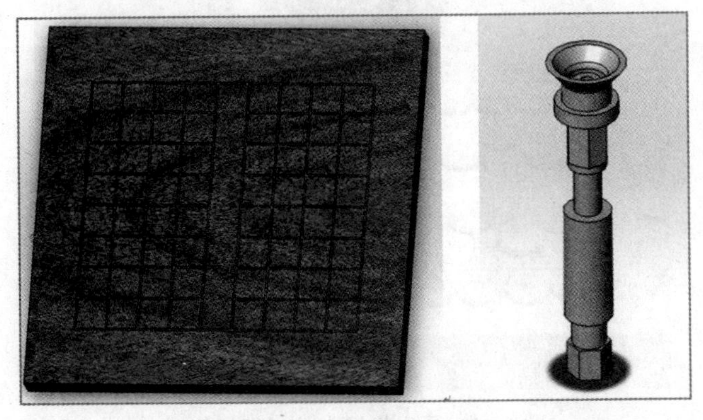

图 5-39 棋盘和真空吸嘴模型

在 RobotStudio 中，选择“导入几何体”，导入已经建好的全部模型，调整好全部模型的位置，如图 5-40 所示。

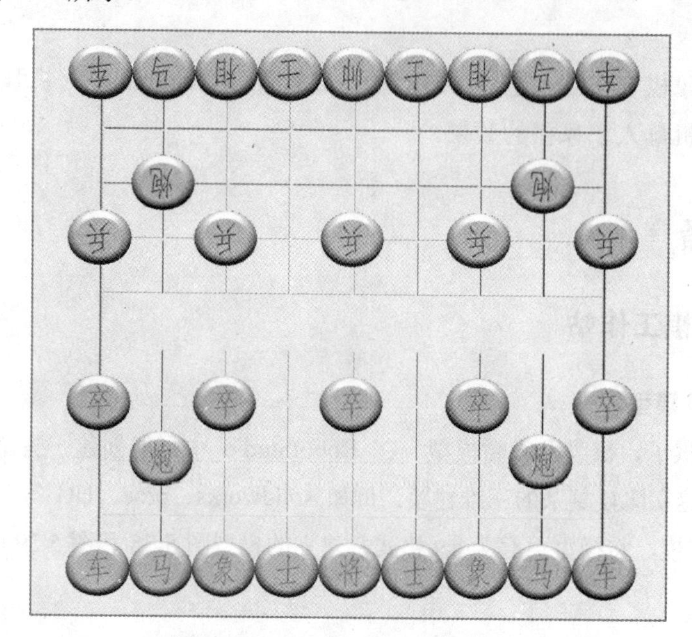

图 5-40　导入模型并调整好位置

2．导入机器人

导入 IRB1200_5_90_STD_01 机器人模型，如图 5-41 所示。

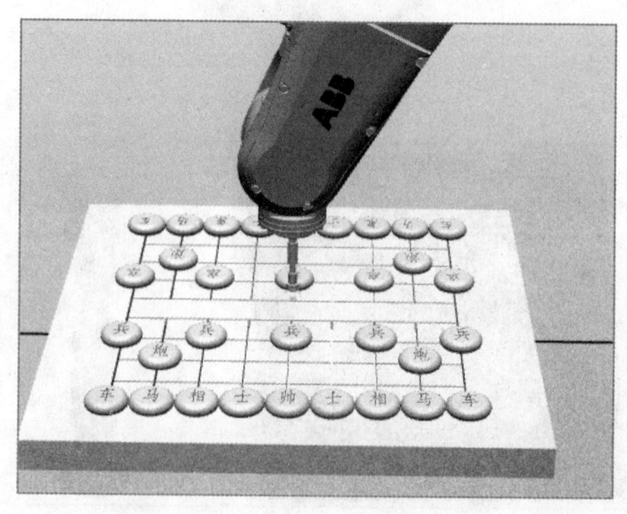

图 5-41　导入机器人并调整好位置

3. 创建机器人系统

在系统布局中预设好相对应的机器人硬件，本工作站需要选择系统选项包括 644-5Chinese（设置示教器的语言）、709-x DeviceNet（现场总线的配置）和 616-1PC Interface（与上位机通信）。

4. 创建工具

1）设置工具本地原点

设置好工具的本地原点，要求将机器臂法兰盘与工具接触的地方（一般为工具底面）的中心设在大地坐标原点处，即 x=0，y=0，z 轴方向的正方向为工具的正方向。具体设置步骤如下：

（1）右键该部件，点击“设置本地原点”，选择表面捕捉和中心点捕捉的捕捉方式，将本地原点设置为该部件末端的中心点，点击“应用”；

（2）右键选择“设定位置”，将位置的数值全部设为 0，点击“应用”，如图 5-42 所示；

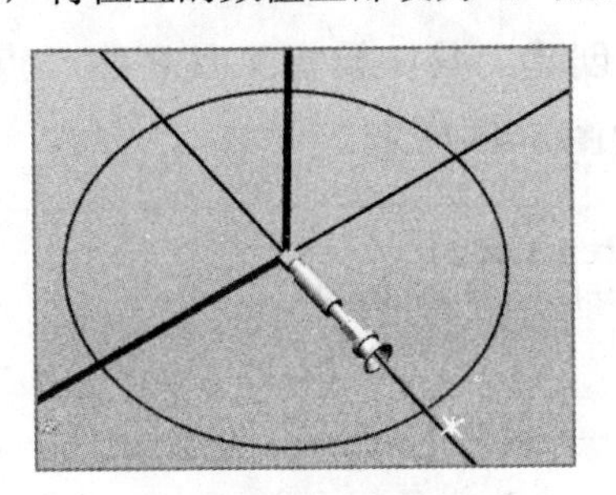

图 5-42　设置本地原点

（3）如图 5-42 所示，该部件位于 y 轴上，需将其旋转，右键“旋转”，设定角度为 90°，方向为绕 x 轴旋转，点击“应用”，再次设定本地原点，将本地原点中所有的数值设为 0，如图 5-43 所示；

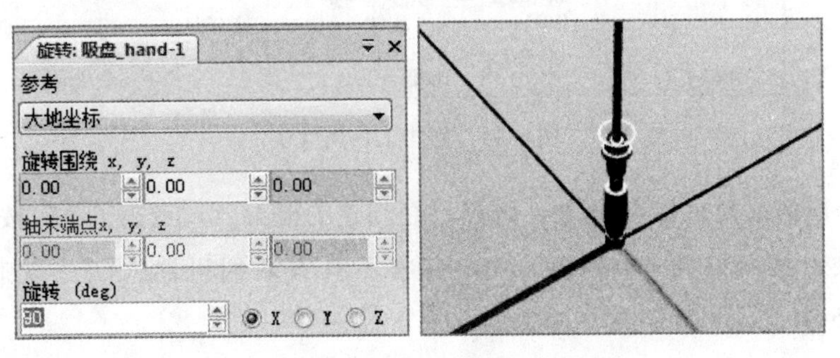

图 5-43　旋转工具

（4）点击“创建框架”，将框架的位置设定为工具顶端平面的中心点，框架方向为默认方向，点击“创建”，如图 5-44 所示。

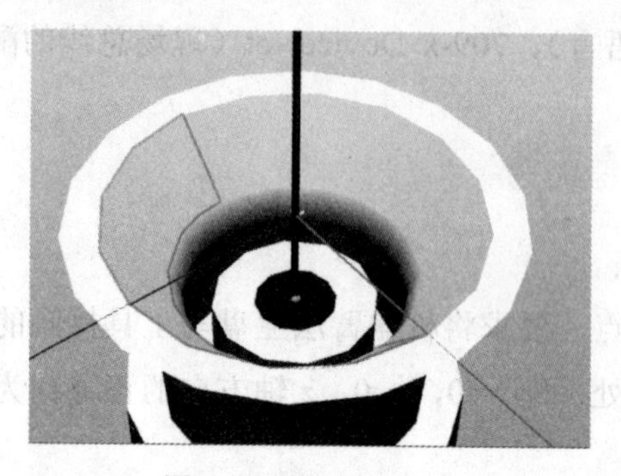

图 5-44　设定工具点

2）创建工具

具体步骤如下：

（1）在建模选项中选择创建工具，设定工具名称，点击选择已有部件，选择吸盘_hand-1，点击“下一步”，如图 5-45 所示。

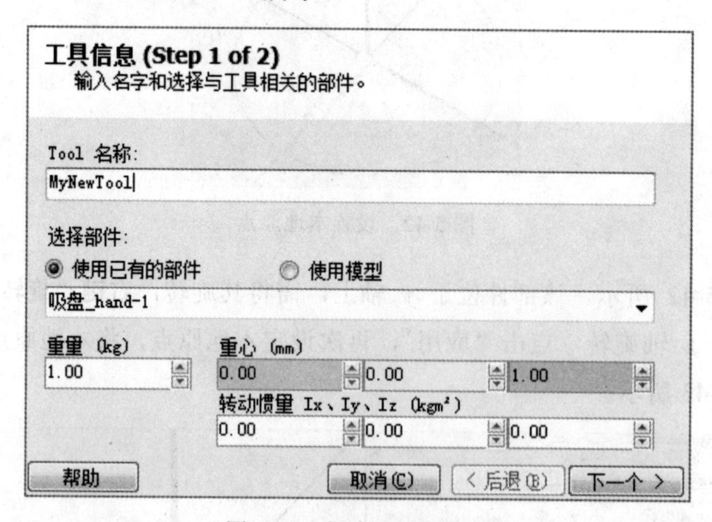

图 5-45　创建工具属性 1

（2）选择数值来自目标点/框架，选择已经创建的框架_1，点击“->”按钮，完成。

（3）更改工具名称为 MyNewTool，并将工具安装到机器人法兰盘中，完成系统布局，如图 5-46 所示。

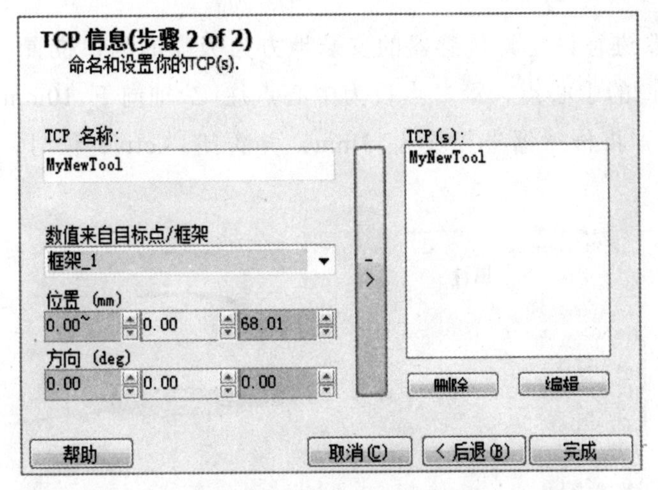

图 5-46　创建工具属性 2

5.2.2　Smart 组件应用

在 RobotStudio 中创建仿真工作站，夹具的动态效果是最重要的部分。用真空吸盘完成产品的拾取和释放，创建一个具有 Smart 组件特性的夹具。

具体步骤如下。

（1）通过手动线性运动调整机械臂的位置，使吸盘垂直向下，即第 5 轴为 0，可以调整。

（2）创建一个 Smart 组件，在 Smart 组件中需添加 attacher 安装组件、detacher 拆除组件、logicgate 逻辑门组件及 linesensor 检测相交的传感器组件。

（3）将工具从机械臂中拆除下来，再将其拖动到 Smart 组件之中，并将工具设定为 role，即 Smart 组件同步到机械臂身上，使得它能随着机械臂运动，如图 5-47 所示。

图 5-47　工具设定为角色

（4）对传感器进行设定，传感器的安装地方为吸盘的吸口位置，将传感器的第一点设定为吸盘吸口的中心点，第二点设为中心点往 Z 轴向下 10mm 的地方，可以通过修改数据得到。将传感器半径设为 3mm，并关闭 Active 信号，暂时使传感器关闭，如图 5-48。

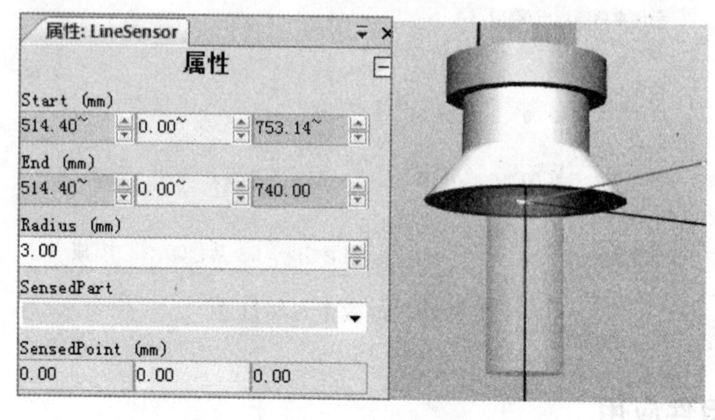

图 5-48　设定传感器

（5）设定拾取动作（在传感器检测到物品后，夹具能够拾取物品），设定抓取的父对象为工具，不需要设置子对象（因为是通过传感器检测到相对应的对象再抓取），点击“应用”。

（6）设置拆除组件，同样不需要设置子对象，把 keepposition 勾选，确认放下组件时会保留当前位置，如图 5-49 所示。

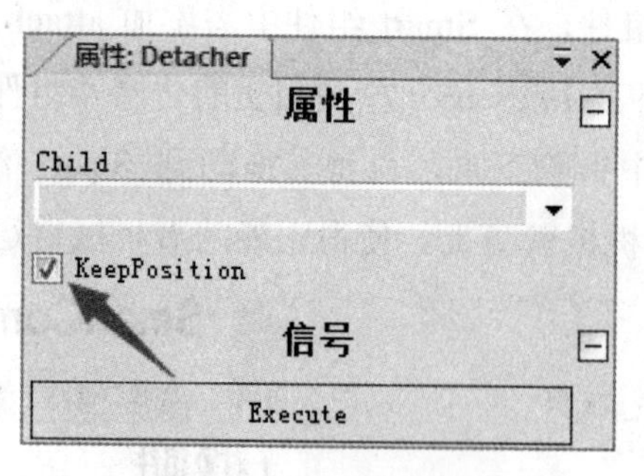

图 5-49　拆除属性设置

（7）设置一个逻辑门 logicgate 的组件，并改为非门。

（8）创建两个属性与连接，Linesensor 的属性 sensedpart 指线传感器所检测到的与其发生接触的物体，此处连接作用是将线性传感器所检测到的物体作为拾取的子对象，将拾取的子对象作为释放的子对象，如图 5-50 所示。

源对象	LineSensor
源属性	SensedPart
目标对象	Attacher
目标属性	Child

源对象	Attacher
源属性	Child
目标对象	Detacher
目标属性	Child

图 5-50 设置信号连接

创建信号与连接：IO 信号指的是在本工作站中自行创建的数字信号，用于各个 Smart 子组件进行信号交互。IO 连接指的是设定创建的 IO 信号与 Smart 子组件信号的连接关系，以及各个 Smart 组组件之间的信号连接关系。

（9）添加一个数字输入信号 digripper，执行抓取动作。

（10）添加 I/O Connection，开启真空动作信号 digripper 触发传感器开始执行检测，检测到物体后触发拾取动作执行，如图 5-51 所示。

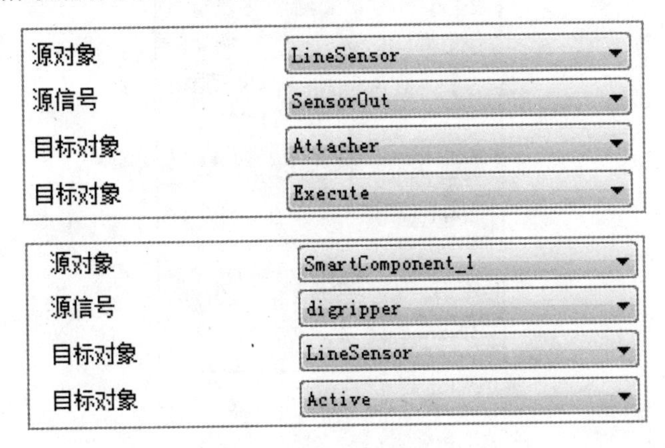

图 5-51 设置 I/O Connection 1

（11）利用非门的中间连接，当关闭真空后触发释放动作执行，如图 5-52 所示。

（12）信号设置完成后，通过仿真中的 IO 设置来控制机械臂的抓取功能，将吸盘移动到棋子的上方，并将工具设定为不可被传感器检测，并将建好的 Smart 组件安装到机械臂上。

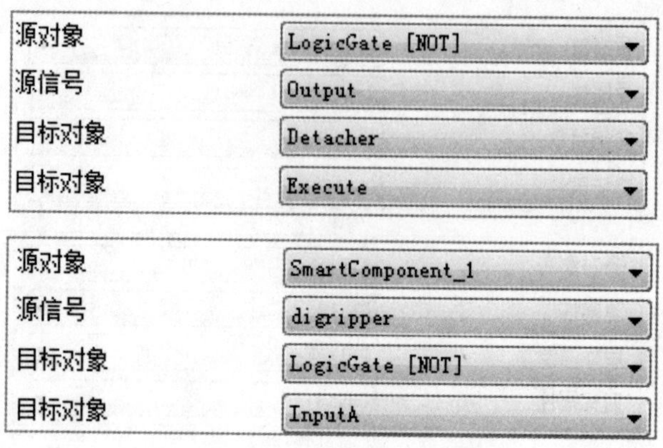

图 5-52　设置 I/O Connection 2

（13）选择 I/O 仿真器，将系统选择为新建的 Smart 组件，确认传感器能检测到物体，点击图 5-53 所示的 I/O 信号，此时信号会显示为 1，拖动工具，观察是否能完成抓取动作。

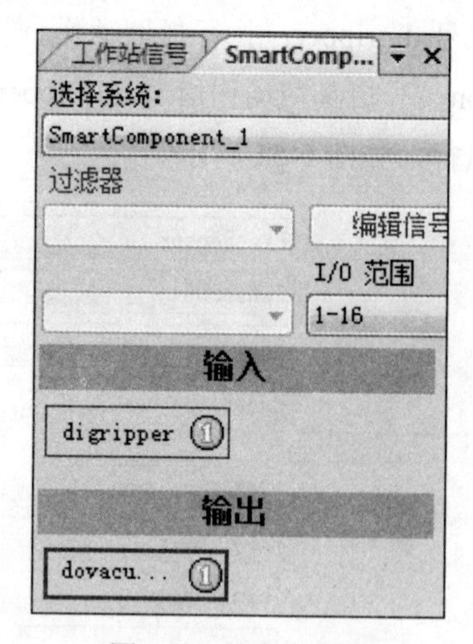

图 5-53　I/O 仿真器

（14）再次点击信号，将 digripper 设为 0，关闭 I/O 信号，如图 5-54 所示。

基本的 Smart 组件中的抓放功能实现完成，接下来需要对编程中的 I/O 口进行配置，并将 I/O 口与仿真中的信号关联起来。

注意： 上述例子中只提到如何去抓取工件，在仿真中需要设置一个反馈信号，来确定该夹具的抓取动作，关于反馈信号的设置在《工业机器人仿真技术入门与实训》中有提到。

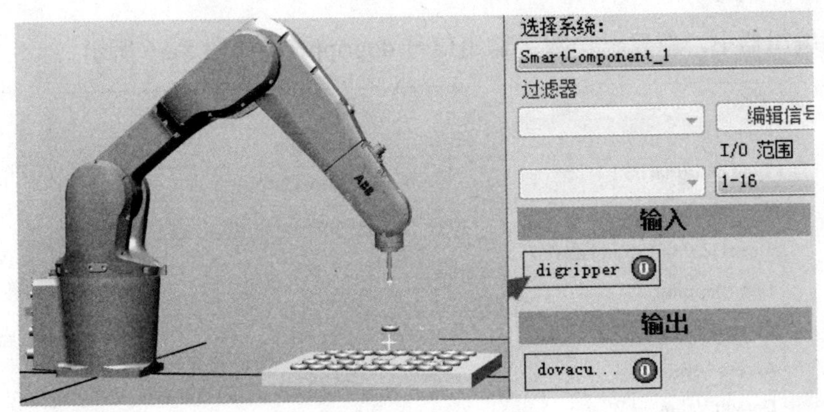

图 5-54　关闭信号效果

5.2.3　配置 I/O

系统布局中预设好相对应的机器人硬件，已配置的系统选项包括 644-5Chinese、709-x DeviceNet 及 616-1PC Interface。

在配置 I/O 中，可以通过虚拟示教器进行配置，也可以通过仿真软件中的配置编辑器进行配置，下面介绍通过配置编辑器配置 I/O。

在配置编辑器中，新建一个 unit，选择 DeviceNet1 的总线，和 DSQC651 的 I/O 板，地址改为 10，点击“确定”，如图 5-55 所示。

名称	值	信息
Name	board10	
Connected to Bus	DeviceNet1	
Type of Unit	d651	
Unit Identification Label		
Unit Trustlevel	Error when lost (1)	
Unit Startup State	○ Deactivated ◉ Activated	
Store Unit State at Power Fail	○ Yes ◉ No	
Regain Communication Reset	○ Enabled ◉ Disabled	
DeviceNet Address	10	

图 5-55　设置 unit 参数

在配置编辑器中，新建一个数字输出信号 dogripper，如图 5-56 所示。

名称	值
Name	dogripper
Type of Signal	Digital Output
Assigned to Unit	board10
Signal Identification Label	
Unit Mapping	0
Category	
Access Level	Default
Default Value	0
Signal Value at System Failure and Power Fail	○ Set the Default Value ◉ Keep Current Value (no change)
Store Signal Value at Power Fail	○ Yes ◉ No
Invert Physical Value	○ Yes ◉ No

图 5-56　设置 signal 参数

设置完成，重启控制器。

配置好系统的 I/O 口之后，要通过 I/O 信号来控制工件的拾取和释放，还需将 I/O 信号与之前仿真设置的信号相连接。具体步骤如下：

选择“仿真”选项卡中的“工作站逻辑”，选择“信号和连接”，选择“添加 I/O Connection”，添加 2 个信号连接，信号属性设置如图 5-57 所示。

源对象	System15
源信号	dogripper
目标对象	SmartComponent_1
目标对象	digripper

源对象	SmartComponent_1
源信号	dovacummok
目标对象	System15
目标对象	divacummok

图 5-57　工作站逻辑

5.2.4 通信设置

在仿真软件与上位机通信的过程中，需要使用到通信助手，本节选择的连接方式是以太网的 socket 连接，通过配置 IP 地址和端口与上位机进行通信。

以下是关于通信的程序代码

```
VAR socketdev server_socket;          ！定义一个 socket
VAR string receive_string;            ！定义 socket 接收的信息
SocketClose server_socket; ！关闭 socket 通信，防止二次打开 socket
SocketCreate server_socket;           ！创建一个 socket
SocketConnect server_socket, "192.168.1.130",10102;
！socket 的连接，地址为本机地址，端口为 10102
SocketReceive server_socket \Str := receive_string;
！接受上位机传输的 socket 值，为字符串类型
```

通信设置的步骤如下。

1）查询 IP 地址

点击计算机开始菜单栏，在搜索栏输入 cmd，点击 cmd.exe 文件，在命令程序中输入 ipconfig，即可查询到本机的 IP 地址。

2）用测试工具测试通信是否成功

打开调试工具，设定测试工具为 TCP Server（即服务端），同时设定 IP 地址为本机的 IP 地址，端口为程序设定的端口，点击“开始监听”，如图 5-58 所示。

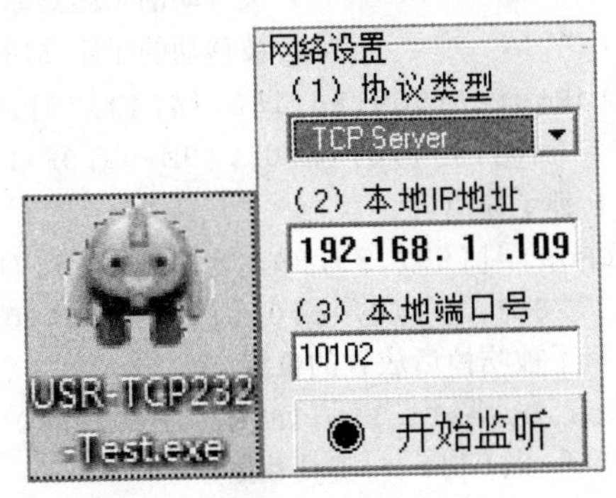

图 5-58　Socket 调试

连接成功之后，可以进行测试，可在 ABB 仿真软件中程序编写一条指令（socketsend），就可让机器人给服务端发送数据。测试成功后，则可通过上位机的下棋软件与仿真软件进行通信。

5.2.5 程序解释

下象棋的程序如下：

```
MODULE MainModule
VAR socketdev server_socket;        ! 定义一个 socket
VAR string receive_string;          ! 定义 socket 接收的信息
VAR bool OK;
VAR bool again:=true;               ! 定义循环
VAR num xoffnum:=-40;               ! 定义 X 每格距离
VAR num yoffnum:=40;                ! 定义 Y 每格距离
VAR num zoffnum:=10;                ! 定义取子放子的高度
VAR num meorcom:=0;                 ! 判断是否下完一步棋
VAR num putoff:=0;                  ! 放置被吃掉的子的点，默认为 0
VAR num xputoff:=0;                 ! 放置被吃掉的子的点，默认为 0
VAR num fromx;                      ! 被吃掉的子距离原点 X 方向的格数，数据格式
VAR num fromy;                      ! 被吃掉的子距离原点 Y 方向的格数，数据格式
VAR string eatSate:="";             ! 吃子标志位，判断是否吃子，字符串格式
VAR num eat;                        ! 吃子标志位，判断是否吃子，数据格式
VAR string fxst:="";                ! 被吃掉的子距离原点 X 方向的格数，字符串格式
VAR string fyst:="";                ! 被吃掉的子距离原点 Y 方向的格数，字符串格式
VAR num tox;                        ! 被移动的子距离原点 X 方向的格数，数据格式
VAR num toy;                        ! 被移动的子距离原点 Y 方向的格数，数据格式
VAR string txst:="";                ! 被移动的子距离原点 X 方向的格数，字符串格式
VAR string tyst:="";                ! 被移动的子距离原点 Y 方向的格数，字符串格式
VAR robtargetholdPos:=[[809.96,180.14,40.79],[0.000131744,0.00084002,
      1,0.000477248],[-1,0,-5,0],[9E+09,9E+09,9E+09,9E+09,9E+09,
      9E+09]];! 抓子原点
VAR robtargetputPos:=[[697.29,293.30,40.79],[0.000131972,0.000840304,
      1,0.000477288],[-1,0,-5,0],[9E+09,9E+09,9E+09,9E+09,9E+09,
      9E+09]];! 子被吃掉后放置的位置
TASK PERS tooldata MyNewTool:=[TRUE,[[0,0,68.01],[1,0,0,0]],[1,[0,0,1],
      [1,0,0,0],0,0,0]]; ! 工具数据
PROC Main()
SocketClose server_socket;        ! 关闭 socket 通信，防止二次打开 socket
SocketCreate server_socket;       ! 创建一个 socket
SocketConnect server_socket, "192.168.1.130",10102;
      ! socket 的连接，地址为本机地址，端口为 10102
```

```
      WHILE again DO
      baoSocket;                    ! 象棋运动程序
   ENDWHILE
ENDPROC
PROC modpos()
   MoveJ holdPos, v1000, z50, MyNewTool;
   MoveJ putPos, v1000, z50, MyNewTool; ! 定义点，程序中不会调用
ENDPROC
PROC initData()         ! 设置参数初始值
   fromx:=0;
   fromy:=0;
tox:=0;
   toy:=0;
   fxst:="";
   fyst:="";
txst:="";
   tyst:="";
eatSate:="";
   eat:=0;
   OK:=FALSE;
ENDPROC
PROC baoSocket()
   initData;
   SocketReceive server_socket \Str := receive_string;
! 接受上位机传输的socket值，为字符串类型
  eatSate:=strPart(receive_string,1,1);
  fxst:=strPart(receive_string,3,1);
  fyst:=strPart(receive_string,5,1);
  txst:=strPart(receive_string,7,1);
  tyst:=strPart(receive_string,9,1); ! 选择分段截出数据
     OK:=StrToVal(eatSate,eat);
     OK:=StrToVal(fxst,fromx);
     OK:=StrToVal(fyst,fromy);
     OK:=StrToVal(txst,tox);
  OK:=StrToVal(tyst,toy);! 将字符串类型转换为数据类型
      IF OK THEN
         IF eat=1 THEN! 首先将对方被吃的子移走
MoveJ offs(holdPos,tox*xoffnum,toy*yoffnum,zoffnum),v100,fine,
      MyNewTool;
```

```
    ！机械臂移动到被吃的子的上方
MoveJ offs(holdPos,tox*xoffnum,toy*yoffnum,0),v100,fine,MyNewTool;
    ！机械臂下移，工具触碰棋子
Set dogripper;        ！打开抓取 IO
WaitDI divacummok,1;    ！反馈信号，确定抓取成功才执行下一步
MoveJ offs(holdPos,tox*xoffnum,toy*yoffnum,zoffnum),v100,fine,
        MyNewTool;
    ！机器臂上移
MoveJ offs(putPos,xputoff,0,putoff),v100,fine,MyNewTool;
！将棋子抓走
Reset dogripper;          ！松开棋子
WaitDI divacummok,0;    ！信号反馈确定已经松开
MoveJ offs(holdPos,fromx*xoffnum,fromy*yoffnum,zoffnum),v100,fine,
        MyNewTool;
MoveJ offs(holdPos,fromx*xoffnum,fromy*yoffnum,0),v100,fine,
        MyNewTool;
！抓取本方棋子
Set dogripper;
WaitDI divacummok,1;MoveJoffs(holdPos,fromx*xoffnum,fromy*yoffnum,
        zoffnum),v100,fine,MyNewTool;
MoveJ offs(holdPos,tox*xoffnum,toy*yoffnum,zoffnum),v100,fine,
        MyNewTool;
MoveJ offs(holdPos,tox*xoffnum,toy*yoffnum,0),v100,fine,MyNewTool;
     ！移动至目的地
  Reset dogripper;
  WaitDI divacummok,0; ！松开棋子，等待反馈信号
MoveJ offs(holdPos,tox*xoffnum,toy*yoffnum,zoffnum),v100,fine,
        MyNewTool;
 meorcom:=meorcom+1;    ！记一次数
 putoff:=putoff+13;     ！Z 位置+13，13 为棋子厚度棋子可以叠起来
              IF putoff>50 THEN
                 putoff:=0;
                 xputoff:= xputoff +40;
              ENDIF
    ！放满了就换位置再放
           ENDIF
          IF eat=0 THEN
    ！不吃子程序，只需将棋子移动
             MoveJ offs(holdPos,fromx*xoffnum,fromy*yoffnum,
```

```
                    zoffnum),v100,fine,MyNewTool;
        MoveJ offs(holdPos,fromx*xoffnum,fromy*yoffnum,0),
                    v100,fine,MyNewTool;
              Set dogripper;
              WaitDI divacummok,1;
             MoveJ offs(holdPos,fromx*xoffnum,fromy*yoffnum,zoffnum),
                    v100,fine,MyNewTool;
MoveJ offs(holdPos,tox*xoffnum,toy*yoffnum,zoffnum),v100,
         fine,MyNewTool;
MoveL offs(holdPos,tox*xoffnum,toy*yoffnum,0),v100,fine,MyNewTool;
              Reset dogripper;
              WaitDI divacummok,0;
 MoveJ offs(holdPos,tox*xoffnum,toy*yoffnum,zoffnum),v100,fine,
              MyNewTool;
             meorcom:=meorcom+1;
            ENDIF
             IF meorcom=1 THEN
                 SocketSend server_socket \Str := "ok";
                 ENDIF
             IF meorcom=2 THEN
                 meorcom:=0;
                 ENDIF
!判断，如果标志位是 1，向上位机发送信息 ok，说明先行方运动结束，等待上位机发送
            后行方棋子的运动数据；如果标志位是 2，说明后行方的棋子也运动完毕，
            同时将标志位置 0
          ENDIF
ENDPROC
ENDMODULE
```

5.2.6 进行下象棋仿真

进行下象棋仿真的步骤如下：

（1）打开下象棋上位机程序，选择“监听”；

（2）启动机器人仿真，上位机程序即可显示监听成功，即上位机与机器人已连接，如图 5-59 所示；

（3）进行下象棋程序的仿真，机器人仿真界面如图 5-60 所示，下象棋软件仿真界面如图 5-61 所示。

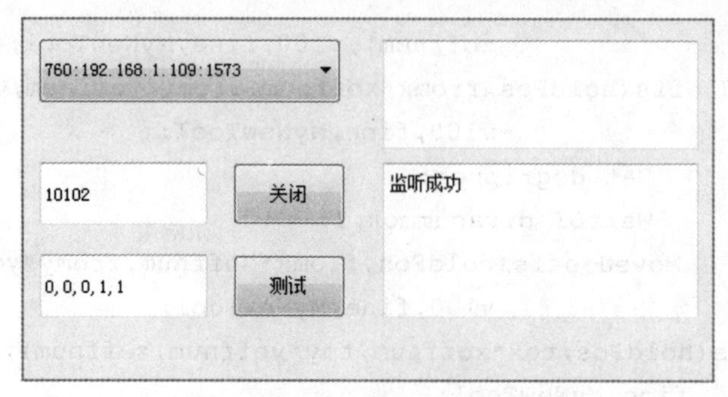

图 5-59　程序连接

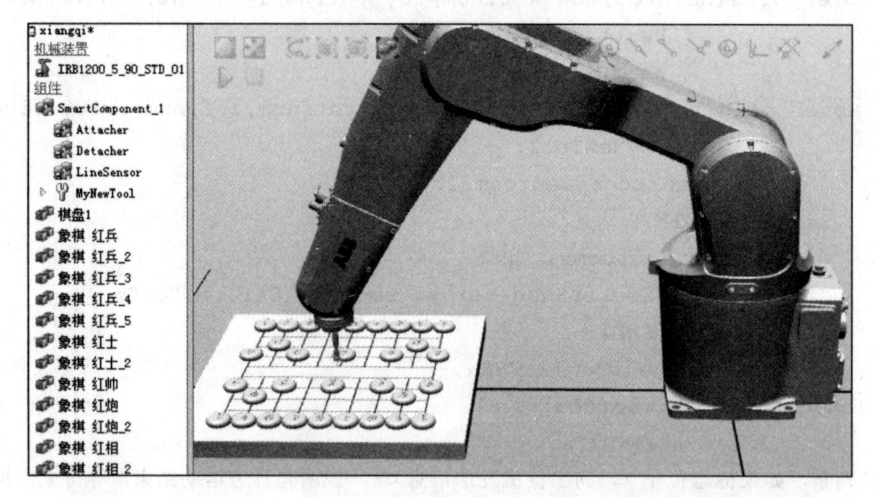

图 5-60　机器人仿真界面

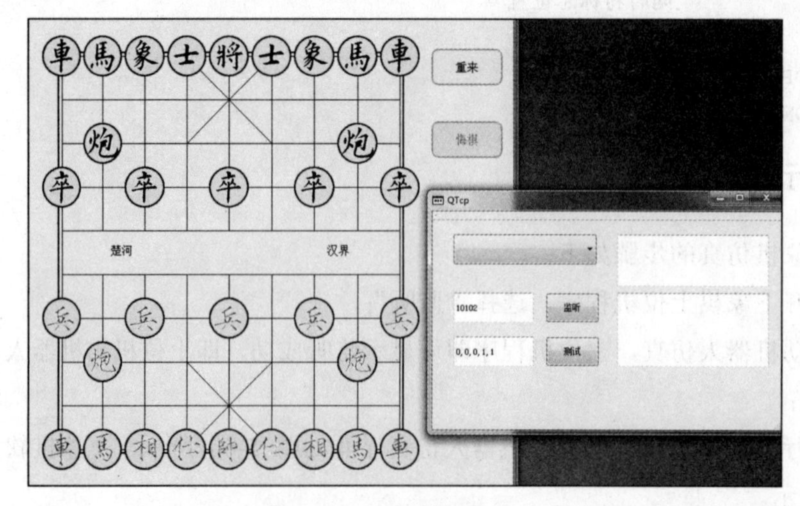

图 5-61　下象棋仿真界面

任务实施

本节任务实施见表5-8和表5-9。

表5-8 下象棋工作站任务书

姓　　名		任务名称	下象棋工作站
指导教师		同组人员	
计划用时		实施地点	
时　　间		备　　注	

任务内容
1．学会配置I/O。 2．学会创建工具数据。 3．学会运用Smart组件。 4．学会通信协议。 5．学会编写机器人程序。

考核项目	
考核项目	配置I/O
	创建工具数据
	Smart组件运用
	通信协议的理解
	机器人程序的编写

资　　料	工　　具	设　　备
教材		计算机

表 5-9　创建弧焊工作站任务完成报告

姓　　名		任务名称	下象棋工作站
班　　级		同组人员	
完成日期		实施地点	

1. 操作题

根据本节案例，重新导入模型，独立完成下象棋工作站的创建，并完成 I/O 通信配置和输入/输出信号定义。

任务评价

本章任务评价表见表 5-10。

表 5-10 任务评价表

<table>
<tr><td>任务名称</td><td colspan="5">应用实例</td></tr>
<tr><td>姓　　名</td><td colspan="2"></td><td>学　　号</td><td colspan="2"></td></tr>
<tr><td>任务时间</td><td colspan="2"></td><td>实施地点</td><td colspan="2"></td></tr>
<tr><td>组　　号</td><td colspan="2"></td><td>指导教师</td><td colspan="2"></td></tr>
<tr><td>小组成员</td><td colspan="5"></td></tr>
<tr><td colspan="6">检查内容</td></tr>
<tr><td rowspan="2">评价项目</td><td colspan="2" rowspan="2">评价内容</td><td rowspan="2">配分</td><td colspan="2">评价结果</td></tr>
<tr><td>自评</td><td>教师</td></tr>
<tr><td rowspan="2">资讯</td><td colspan="2">1．明确任务学习目标</td><td>5</td><td></td><td></td></tr>
<tr><td colspan="2">2．查阅相关学习资料</td><td>10</td><td></td><td></td></tr>
<tr><td rowspan="3">计划</td><td colspan="2">1．分配工作小组</td><td>3</td><td></td><td></td></tr>
<tr><td colspan="2">2．小组讨论考虑安全、环保、成本等因素，制订学习计划</td><td>7</td><td></td><td></td></tr>
<tr><td colspan="2">3．教师是否已对计划进行指导</td><td>5</td><td></td><td></td></tr>
<tr><td rowspan="9">实施</td><td rowspan="5">准备工作</td><td>1．了解基本的上位机与仿真软件通信知识</td><td>6</td><td></td><td></td></tr>
<tr><td>2．掌握仿真系统创建的相关知识</td><td>6</td><td></td><td></td></tr>
<tr><td>3．了解创建焊接参数方法</td><td>6</td><td></td><td></td></tr>
<tr><td>4．掌握弧焊 I/O 系统配置的方法</td><td>6</td><td></td><td></td></tr>
<tr><td>5．RAPID 代码的编程知识</td><td>6</td><td></td><td></td></tr>
<tr><td rowspan="4">技能训练</td><td>1．能通过不同的通信协议进行信号的传输</td><td>7</td><td></td><td></td></tr>
<tr><td>2．能在 RobotStudio 软件中进行工具和工件数据的创建</td><td>8</td><td></td><td></td></tr>
<tr><td>3．能运用 Smart 组件实现机器人的捕捉和释放功能</td><td>8</td><td></td><td></td></tr>
<tr><td>4．能实现机器人下象棋的功能</td><td>8</td><td></td><td></td></tr>
<tr><td rowspan="3">安全操作与环保</td><td colspan="2">1．工装整洁</td><td>2</td><td></td><td></td></tr>
<tr><td colspan="2">2．遵守劳动纪律，注意培养一丝不苟的敬业精神</td><td>3</td><td></td><td></td></tr>
<tr><td colspan="2">3．严格遵守本专业操作规程，符合安全文明生产要求</td><td>5</td><td></td><td></td></tr>
<tr><td rowspan="2">总结</td><td colspan="5">你在本次任务中有什么收获？</td></tr>
<tr><td colspan="5">反思本次学习的不足，请说说下次如何改进。</td></tr>
<tr><td>综合评价
（教师填写）</td><td colspan="5"></td></tr>
</table>